求積法のさきにあるもの
微分方程式は解ける

磯崎 洋

数学書房

はしがき

　微分方程式は自然科学のあらゆる分野で使われる数学の技で, 身につけるべき必須の科目となっています. 現在の標準的な教科書は最初に変数分離型などの簡単な求積法 (初等解法) を述べ, それから定数係数連立線形方程式へと進みます. これは1変数の微積分と線形代数を習ったあとの科目として設定されていることが多い, という事情によるのでしょう. しかしこれでいいのだろうか, という疑問を前から感じていました.

　常微分方程式に密接に関連した話題として1階偏微分方程式があります. これは多変数の微積分学, 初歩的な幾何学を土台とし古典力学の理論的背景となる微積分学のもっともおもしろい分野で, そこで展開されている考え方は基本知識とされていて現在でも実際の問題に広く応用されています. 昔の微分方程式の本は求積法の後で1階偏微分方程式に進むものが多かったようです. しかし1階偏微分方程式は現在の多くの大学のカリキュラムには入っておらず, ほとんどの人はそれを学ぶ機会がないというのが実情だろうと思います. 時間の都合がありますし, また多変数の微積分学に慣れていない段階では学ぶのが難しいからです. しかしそれはあまりにもったいないのです.

　微積分や1階偏微分方程式, 古典力学ではある記号を使いこなせば随分理解が深まります. それがこの本の主人公である d という記号です. 初めて習うときには関数 $y(x)$ の導関数 dy/dx はこれで一体の記号であり, 分母 dx と分子 dy に分離しないようにするはずです. また積分するときに $\int f(x)dx$ と書きますが, dx はこのように $\int \cdots dx$ という形に使うべきもので, それ自身では意味を持たないもののはずでした. この記号はライプニッツが発明したものですが, 彼自身はこれに独立した意味を持たせていたようです. この記号は**微分**とよばれて意味の曖昧さを含みながら使われ続けてきましたが, 20世紀になって**微分形式**として正確な定義が与えられました. この本では微分の考え方を身につけ

i

て微分方程式を解くのに役立てることを目標とします．数学では良い記号が理解を大きく助けることがありますがこれはその重要な例です．

　第 1 章は**求積法**の解説が主題です．変数分離型を学んだあと，平面内の曲線と思ったときの微分方程式について考えます．第 2 章は **1 階偏微分方程式**の解法が主題です．常微分方程式に帰着させるのですが，背後にある幾何学的な概念が重要です．そのときに微積分学の登場以来曖昧に用いられてきた微分の記号が重要な役割を果たしていることが分かります．第 3 章の**解析力学**では，ニュートン以来発展してきた古典力学の数学的実体である常微分方程式が 1 階偏微分方程式と密接に結びついたものである，ということが主題です．第 4 章では 1 階偏微分方程式や古典力学の考え方が実際の問題に応用されている例として波の問題をあげました．**光学とシュレーディンガー方程式**です．古典物理学や量子物理学における波の伝播を考えるのに古典力学は重要な役割を果たしています．

　読者として想定しているのは大学 1 年次で習う微積分・線形代数の初歩の知識を持っている人です．したがって計算に関しては 1 変数関数の積分の変数変換，部分積分，さらに 2 変数の関数の偏微分程度のことを理解しておれば読めるように工夫しました．線形代数についてはベクトル空間，一次独立，基底，行列式，ランクを知っていれば十分です．もっとも完全に理解していなくてもかまいません．教科書を座右において，必要に応じてそれを参照しながらこの本を読んでいけばいいのです．大事なのは

> 合成関数の微分ができること，陰関数, 逆関数の定理が使えること

です．これは多くの人にとっては不慣れでありながら上の問題では頻繁に使われる多変数の微分の基本的知識です．この本はそこをなるべくやさしく説明するように努めました．陰関数定理や逆関数定理は本文の中で説明します．これらは使いながら意味を理解し，それから詳しい条件等を吟味するのがいいと思います．この本では数学用語をあまり使わないように努め必要に応じて導入するようにしました．むしろどのように計算するのか，ということを詳しく書いています．1 階偏微分方程式や力学では理論よりも計算の仕方が分からなく

なってつまずくことが多いからです．最低限の知識として，$\mathbf{R}$ は実数全体，$\mathbf{C}$ は複素数全体，$\mathbf{R}^n$ は $x = (x_1, \cdots, x_n)$, $x_i \in \mathbf{R}$, という点の全体です．この本では (一つの例を除いて) つねに無限回微分可能な関数を考えます．第 3 章までは実数値関数のみを考えます．その定義域は特に指定しないことにします．$\mathbf{R}^n$ 全体と思ってよいし，球や立方体の内部としてもよいのです．

　数学を学ぶもっともよい方法は対話です．疑問があったら小さく分解して少しずつ理解していけば自然に身につきます．ちょっとした説明を元にして自分なりに数式を動かしているうちに次第に理解し始めるものだと思います．そのため何人かの人物の対話としてこの本を書くことにしました．数学を学び直す必要を痛感しつつもなかなか機会を得られないエンジニアの A さん，物理専攻の学生で数学はよく使うものの基本的なことを教わらないので不安を覚えている B さん，数学専攻の学生で定理，証明という話をたくさん聴いていても実際にそれらを使ったことがない C さん … です．この人たちが Z 先生と一緒に数学の勉強会をしている，と想像してください．会話を聞きながら一つ一つ自問自答してみてください．急いで進まずに小さい疑問に立ち止まることが大切です．途中になるべく具体的な計算問題を置きました．基本的なことだけで分かる証明の問題もいれてあります．ぜひ解いてみてください．解けなくてもかまいません．解答を見て理解できればそれでいいのです．第 3, 4 章では演習問題がほとんどありません．本文の対話を見ながら自分で計算してみてください．それがいい演習問題になります．

　書斎に端座して重厚な書物を紐解く—あこがれているのですが，夢のまた夢です．むしろ小さな機会があるごとにポケットから文庫本を取り出して少し読んでは考える—そんなことを積み重ねているのが実情ではないでしょうか？チョコレートでも齧るように少しずつ学んでいく—そんな数学の本になっておれば望外の喜びなのですが．

2014 年 9 月 7 日

磯崎　洋

目　次

第1章　こう計算するのか　1
- 1.1　出発点は変数分離型 1
- 1.2　不思議な記号 d 3
- 1.3　微分には括弧をつけて 8
- 1.4　曲線と微分方程式は同じもの 10
- 1.5　完全微分型方程式 14
- 1.6　積分因子を見つければ 17
- 1.7　積分因子は存在する 20
- 1.8　常微分方程式と偏微分方程式が同値だなんて 23
- 1.9　包絡線と微分方程式 29

第2章　1階偏微分方程式 　35
- 2.1　曲線を表す微分方程式系 35
- 2.2　曲面を表す微分方程式系 38
- 2.3　接空間 44
- 2.4　第一積分 48
- 2.5　線形初期値問題 54
- 2.6　準線形方程式 59
- 2.7　包絡面 63
- 2.8　特性方程式 68
- 2.9　成帯条件 75
- 2.10　非線形初期値問題 79
- 2.11　ハミルトン-ヤコビの理論 85
- 2.12　2体問題 90
- 2.13　変数分離 94

第3章　解析力学入門　98
- 3.1　微分形式 98
- 3.2　微分形式と接ベクトル場 102

- 3.3 共変ベクトルと反変ベクトル 105
- 3.4 ベクトルの外積 107
- 3.5 微分形式の演算 111
- 3.6 微分形式の積分 114
- 3.7 相空間 117
- 3.8 正準変換 119
- 3.9 母関数 124
- 3.10 アイコナール方程式 126
- 3.11 ラグランジュ形式 130
- 3.12 変分法 135

第4章 波の伝播とハミルトン-ヤコビ理論　140
- 4.1 波動方程式の漸近解 140
- 4.2 波の反射 143
- 4.3 波の屈折 147
- 4.4 ホイゲンスの原理 151
- 4.5 マックスウェルの魚の眼 154
- 4.6 シュレーディンガー方程式 160
- 4.7 半古典近似 165
- 4.8 経路積分 168

参考書・論文など　175

関連図書　176

索引　178

第 1 章

こう計算するのか

　微分方程式の初等解法（求積法）を身につけるのがこの章の目的です．dx, dy という記号に慣れましょう．

1.1 出発点は変数分離型

… まずもっとも基本的な解法を覚えましょう．

> $\dfrac{dy}{dx} = f(x)g(y)$ を解くには $\dfrac{dy}{g(y)} = f(x)dx$ の両辺を積分し，
> $\displaystyle\int \dfrac{dy}{g(y)} = \int f(x)dx$ から y と x の関係を求める．

… 例えば $\dfrac{dy}{dx} = 2xy^2$ を解くには $\displaystyle\int \dfrac{dy}{y^2} = \int 2xdx$ から $-1/y = x^2 + C$ (C は定数) ですから $y = -1/(x^2 + C)$ となります．微分方程式を解くときには C は定数を表すという暗黙の了解がありますから，C の説明はしなくてもいいです．
… 私，$\dfrac{dy}{dx}$ はこれで一つの記号で dy 割る dx ではないって習ったのよね．ところが上では $\dfrac{dy}{dx}$ の分母をはらってるでしょう．
… $\dfrac{dy}{g(y)} = f(x)dx$ の左辺は y で積分し，右辺は x で積分してそれが等しいなんてなんのことだろう．
… こうやって解くんだ，ということは前に聞いたことがあるんですけど，話の筋道というか論理的必然性というか，なぜこうすれば解けるのか分かりません．
… 少し驚かそうと思ってあんなふうに言ったのですが実際には難しくありません．与えられた微分方程式の解を $y(x)$ とすると

$$\frac{1}{g(y(x))}\frac{dy(x)}{dx} = f(x)$$

です．この式の両辺を x_0 から x まで積分します．
… x_0 ってなんですか？
… 自分の好きなようにとればいいのです．どうとっても結果には積分定数の違いとしてしかでてきません．そうすると

$$\int_{x_0}^{x}\frac{1}{g(y(x))}\frac{dy(x)}{dx}dx = \int_{x_0}^{x}f(x)dx$$

となりますが，左辺を置換積分により y の積分にして

$$\int_{y_0}^{y}\frac{1}{g(y)}dy = \int_{x_0}^{x}f(x)dx, \quad y_0 = y(x_0)$$

となります．これから y を x の関数として表せばよいのです．
… 待てよ待てよ．それなら $G'(y) = 1/g(y)$, $F'(x) = f(x)$ を満たす $G(y), F(x)$ を持ってきて $G(y) = F(x)$ から $y = y(x)$ と表す，といえばもっと早いぞ．
… これがなんで微分方程式の解になるのかな？
… $G(y(x)) = F(x)$ の両辺を x で微分すると合成関数の微分の公式から $G'(y(x))y'(x) = F'(x)$ となるだろう．これは $y'(x)/g(y(x)) = f(x)$ のことだ！
… それでいいんです．鋭いですね．任意定数 C がでてくる理由もそれではっきりします．
… それならなんでわざわざ dy と dx を分離するなんてもって回った言い方をしたのかしら．無用な混乱させられただけじゃないの．
… じつは上の解法は機械的に覚えられるだけでなく，微分の深い理解につながる糸口でもあります．それは次回にまわして今日は少し計算練習をしましょう．

例題 1.1.1 $yy' = x(1+y^2)$ を解け．

解 $\dfrac{2y}{1+y^2}dy = 2xdx$ となるから両辺を積分して $\log(1+y^2) = x^2 + C$．よって $1+y^2 = e^{C+x^2}$．e^C をあらためて C とおいて $1+y^2 = Ce^{x^2}$． □

… 答えを $y = \pm\sqrt{Ce^{x^2}-1}$ と書かなくてもいいんですか？
… これも習慣なのですが必ずしもそうしなくてもよいことになっています．それには理由があるのですが，あとであらためて解説しましょう．変数分離型の

方程式を解くことは原始関数を求めることです．いろいろな問題を解いて原始関数を知ることから始めましょう．

問題 1.1.1 次の微分方程式を解け．

(1) $(1+x)y + (1+y)xy' = 0$ (2) $\sin x \sin^2 y - y' \cos^2 x = 0$

(3) $x^2 y' + y^2 = 0$ (4) $xy(1+x^2)y' = 1 - y^2$

(5) $\sec^2 x \tan y + y' \sec^2 y \tan x = 0$ (6) $(1+y^2) + (1+x^2)y' = 0$

解 (1) だけ解答の書き方を説明する．他も同様にやればよい．

(1) 与えられた方程式は
$$\frac{1+x}{x}dx + \frac{1+y}{y}dy = 0$$
と書き換えられるから両辺を積分して
$$(\log x + x) + (\log y + y) = C$$
よって $x + y + \log(xy) = C$．

(2) $\sec x + \cot y = C$ (3) $x + y = Cxy$ (4) $1 + x^2 = Cx^2(1-y^2)$

(5) $\tan x \tan y = C$ (6) $\arctan x + \arctan y = C$ □

… 今日はごまかされたけど，dx や dy ってよくでてくるのよ．無限に小さい変化と説明されていることもあるけど，よく分からないまま先には進めないわ．

… そうそう，微分形式とよばれているらしいんだけど，本で調べたら無限小という雰囲気はまったくなくて微積分とはぜんぜん違うような気がしたんだ．次回はぜひ聞かなくちゃいけないな．

1.2 不思議な記号 d

… 今日は d とはなにか，という話をしましょう．

… お，きたきた．

… d という記号はライプニッツ (G. W. Leibniz, 1646-1716) が考えたものです．当時は微積分学が誕生しかけていた時期で，ニュートン (I. Newton, 1642-1727) が幾何学を用いた説明をしているのに対し，ライプニッツは今日も使われてい

る微積分の記号を発明してこの学問を進展させました. d という記号は比較的初期にでてくるようなのですが, いろいろ紆余曲折があって, 使い始めてかなり経ってから次の式にたどりついたようです.

$$d(fg) = (df)g + f(dg)$$

⋯ これだけ見せられても困るわ. f や g ってなに? x の関数なんでしょうね.
⋯ これ, 積の微分の公式かな. $(f(x)g(x))' = f'(x)g(x) + f(x)g'(x)$ だから.
⋯ d の意味はさておいて上の式で $f(x) = g(x) = x$ としてみましょう. すると

$$d(x^2) = (dx)x + x(dx) = 2xdx$$

となります. そうすると帰納法で自然数 $n \geq 2$ に対して

$$d(x^n) = nx^{n-1}dx$$

となります. テーラー展開を使って $f(x) = \sum_{n=0}^{\infty} a_n x^n$ に対して

$$d(f(x)) = \sum_{n=0}^{\infty} a_n d(x^n) = \sum_{n=0}^{\infty} na_n x^{n-1}dx = f'(x)dx$$

となります. $y = f(x)$ とおけば $dy = f'(x)dx$ ですから $\frac{dy}{dx} = f'(x)$ となってつじつまが合いますね.

⋯ はは―, 関心するな―. $d(fg) = (df)g + fd(g)$ の中に大事なことがみんな入っているのか!
⋯ でもね, dx とはなにか, という疑問にはまだ答えていないわよ.
⋯ d はラテン語の differentia (差) から来ているようです. 変数を少し動かしたときの関数の値の差 $f(x+\epsilon) - f(x)$ を考えていたでしょうから非常に小さい値を思い浮かべていたことは確かでしょうね. じつはライプニッツの書簡の中に次のような図 (1.2-1) が現れます. 今日流に変えてありますが.
⋯ これは曲線 $y = f(x)$ の (x, y) での接線の絵ね.
⋯ ということは dx や dy は接線上の点の x 座標, y 座標か. すると $dy = f'(x)dx$ だ.

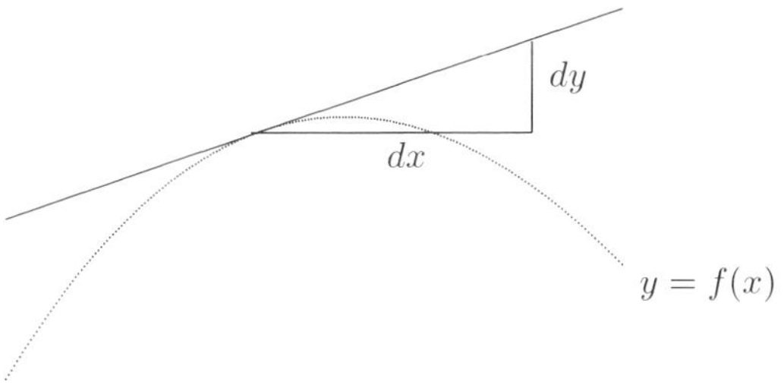

図 **1.2-1** ライプニッツの図

... それなら dx や dy は無限に小さくはないわ. 普通の数よ！
... 現代の流儀で書けば次のようになります. 図を見やすくするために曲線の形を変えました.

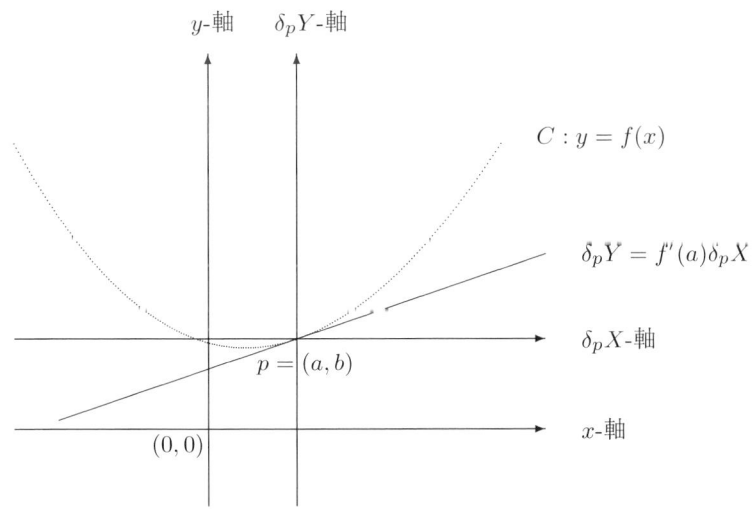

図 **1.2-2** x-y 平面と $\delta_p X$-$\delta_p Y$ 平面

⋯ 微妙に違ってるな.
⋯ $b = f(a)$ なのね. あら, dx, dy じゃなくて $\delta_p X, \delta_p Y$ になってる. しかも $dy = f'(x)dx$ は $\delta_p Y = f'(a)\delta_p X$ で大分違ってるわ！
⋯ ま, とにかくよく見ましょう.
⋯ まず x-y 平面の中に曲線 $y = f(x)$ があるんやな. それを C とよぼうということか.
⋯ C 上の点 $p = (a, b)$ をとる. すると $b = f(a)$ となる. ここまでは問題ないな.
⋯ p を原点にとった座標系を考えて横軸を $\delta_p X$-軸, 縦軸を $\delta_p Y$-軸とよびたいらしい.
⋯ なんでもいいから平面上の点 q をとってその点の x-y 座標系での座標を (x, y), $\delta_p X$-$\delta_p Y$ 座標系での座標を $\delta_p X, \delta_p Y$ とすると

$$\delta_p X = x - a, \quad \delta_p Y = y - b.$$

⋯ すると $y = f(x)$ の p での接線の方程式は x-y 座標系では, $y - b = f'(a)(x - a)$, $\delta_p X$-$\delta_p Y$ 座標系では $\delta_p Y = f'(a)\delta_p X$ か. なんだかみんな当たり前だな.
⋯ それでいいんです！ 大事なことがほとんどでました. じつは dx, dy は次のように考えられているんです.

> x-y 平面の中に点 $p = (a, b)$ をとり, p を原点とする 2 次元平面 T_p の上で次のような $\delta_p X, \delta_p Y$ の一次式を考える:
>
> $$\omega_p = \varphi(a, b)\delta_p X + \psi(a, b)\delta_p Y \tag{1.1}$$
>
> φ, ψ は 2 変数の関数であればどんなものでもよい. これを**微分形式**とよぶ.

⋯ (1.1) は私の見た式と少し違うんですけど.
⋯ そうなんです. じつは (1.1) は普通はもっと省略した書き方をします. まず ω_p や $\delta_p X, \delta_p Y$ の p を省きます:

$$\omega = \varphi(a, b)\delta X + \psi(a, b)\delta Y. \tag{1.2}$$

さらに (a, b) を (x, y) と書くことが多いんです:

$$\omega = \varphi(x,y)\delta X + \psi(x,y)\delta Y. \tag{1.3}$$

そのうえ $\delta X, \delta Y$ の代わりに dx, dy と書きます：

$$\omega = \varphi(x,y)dx + \psi(x,y)dy. \tag{1.4}$$

… ちょっとちょっと, (1.3) の δX や δY は

$$\delta X = d_{(x,y)}X = X - x, \quad \delta Y = d_{(x,y)}Y = Y - y$$

のはずだから, これは x, y とは無関係に自由に動けるでしょう. それを dx, dy と書いたら混乱するわ！

… そのとおりです. ここは昔からの習慣をそのまま引き継いだところなのですが, $\delta X, \delta Y$ は自由に動く X, Y の変化量, dx, dy は固定された x, y からの変化量, と思えば納得できるんではないでしょうか？

… うーん, 分かったような誤魔化されたような.

… dx は曖昧なまま使われ続けてきたのですが, 20 世紀になってやっと数学的にしっかりした定義が与えられました. ただそれは専門の数学者にはいいのでしょうが, 初学者にとっては分からないことを分からない言葉で説明することなのです. それにはっきり理解していなくてもこの記号に助けられて計算が進む, ということがあります. まず使い慣れる, そのうち正確に理解できる, という順序で進んでいいんじゃないでしょうか？

… 厳密な定義というのはここではしないんですか？

… ずーっと後でするつもりですが, 当面は単なる記号と思ってください.

… 先生は数学史もなさるんですか？

… 以前ある先生に数学史のことで話を伺ったら「いやー, ライプニッツの手紙を読んだりしてるんですがなかなか難しくて」というご返事でした. 孫引き, ひ孫引きの私としては興味はあってもとてもそこまでいけません. それ以来, 敬しつつ拝読するだけにしています.

1.3 微分には括弧をつけて

… $f(x, y(x))$ を x で微分できますか？
… (ややとまどって) 状況がよくのみこめないんですけど．
… $f(x, y)$ という 2 変数の関数と $y(x)$ という 1 変数の関数があったとき，$f(x, y(x))$ を x で微分しなさい，ということかしら．
… ということは $\frac{df(x, y(x))}{dx}$ を計算することか？
… 合成関数の微分の公式というのがあったから

$$\frac{\partial f(x, y(x))}{\partial x} + \frac{\partial f(x, y(x))}{\partial y} \frac{\partial y(x)}{\partial x}$$

かな．
… ちょっと変よ．$\frac{\partial f(x, y(x))}{\partial y}$ は x の関数を y で微分するんだから 0 よ．
… そうか．それなら

$$\frac{\partial f(x, y(x))}{\partial x} + \frac{\partial f(x, y(x))}{\partial y(x)} \frac{\partial y(x)}{\partial x}$$

にしよう．
… $y(x)$ で微分するの？ 関数で微分するってなに？
… こういうときは教科書を見るのだ．すると

$$\frac{\partial f}{\partial x}(x, y(x)) + \frac{\partial f}{\partial y}(x, y(x)) \frac{dy(x)}{dx}$$

と書いてある．
… でもね，よく見ると $\frac{\partial f}{\partial x}(x, y(x))$ は $\frac{\partial f(x, y(x))}{\partial x}$ とほとんど同じでしょ．それに $\frac{\partial f}{\partial y}(x, y(x))$ は相変わらず x だけの関数を y で微分するように見えるんだけど．
… 誤解の理由が分かった．$\frac{\partial f}{\partial x}(x, y(x))$ は $f(x, y)$ を x で偏微分してそれから y に $y(x)$ を代入する，という意味で，$\frac{\partial f(x, y(x))}{\partial x}$ は $f(x, y)$ の y に $y(x)$ を代入してそれから x で微分する，という意味なんだ．

　　　　(かくして衆議一決して)

··· 分かりました.
$$\frac{df(x,y(x))}{dx} = \frac{\partial f}{\partial x}(x,y(x)) + \frac{\partial f}{\partial y}(x,y(x))\frac{dy(x)}{dx}$$
です.
··· 御苦労さまでした. これでいいのですが, 私は

$$\frac{d}{dx}f(x,y(x)) = \Big(\frac{\partial f}{\partial x}\Big)(x,y(x)) + \Big(\frac{\partial f}{\partial y}\Big)(x,y(x))y'(x)$$

をお勧めします. これは

$$\frac{d}{dt}f(x(t),y(t)) = \Big(\frac{\partial f}{\partial x}\Big)(x(t),y(t))x'(t) + \Big(\frac{\partial f}{\partial y}\Big)(x(t),y(t))y'(t)$$

の特別な場合です.
··· 微妙に違うな.
··· この辺は完全に統一されているわけではないのですが, $\frac{\partial f}{\partial x}$ は f を x で偏微分した結果の関数を表すという感じがします. 一方, $\frac{d}{dx}f$ は関数 f に x で微分するという操作を施す感じがします. このようなときに $\frac{d}{dx}$ を **作用素** とか **演算子** とよんでいます.
··· 左辺はそうだな. 右辺はどうなんだろ.
··· $\Big(\frac{\partial f}{\partial x}\Big)$ と括弧で括った理由は $f(x,y)$ という 2 変数の関数を x で偏微分した, ということを強調するためです. そのあとの $(x,y(x))$ は $\frac{\partial f}{\partial x}$ という関数の変数のところに $x,y(x)$ を代入した, という意味です.
··· そうか. ( ) で括っておけば先に微分した, という感じがするもんな.
··· これから先, 多変数関数の合成関数の微分がたくさんでてきます. ところが教科書では変数を書くのを省略することがあるんですね. 式を短くするためなんでしょうけれども, そのためになにを変数にしてどのような関数を微分しているのかが分からなくなることがあるんです. 慣れるまでは式が長くなることを気

にしないで，必ず変数を全部具体的に書いて，微分には括弧をつけて計算してください．そうすれば無用な間違いがなくなります．ただ，$\bigl(\frac{\partial f}{\partial x}\bigr)(x,y), \bigl(\frac{\partial f}{\partial y}\bigr)(x,y)$ のように代入する変数が (x,y) のままのときには誤解のおそれがないので

$$\frac{\partial f}{\partial x}(x,y), \quad f_x(x,y), \quad \frac{\partial f}{\partial y}(x,y), \quad f_y(x,y)$$

という書き方もします．

… 実感あるな．先生もこういうところで困ったのかな？

問題 1.3.1 $f(x,y) = \sum_{m,n \geq 0} a_{mn} x^m y^n$ のとき $\frac{d}{dt} f(x(t), y(t))$ を計算せよ．

解 $f_x(x,y) = \sum_{m,n} a_{mn} m x^{m-1} y^n$, $f_y(x,y) = \sum_{m,n} a_{mn} x^m n y^{n-1}$ であるから

$$\frac{d}{dt} f(x(t), y(t)) = \sum_{m,n} a_{mn} m x(t)^{m-1} x'(t) y(t)^n + \sum_{m,n} a_{mn} x(t)^m n y(t)^{n-1} y'(t)$$
$$= \bigl(\frac{\partial f}{\partial x}\bigr)(x(t), y(t)) x'(t) + \bigl(\frac{\partial f}{\partial y}\bigr)(x(t), y(t)) y'(t). \qquad \square$$

1.4 曲線と微分方程式は同じもの

… 円を式でどう表しますか．

… （いつもなにか意表をつくな，と思いつつ）$x^2 + y^2 = 1$ という式を何度も書いてきましたけど．

… パラメータ表示というのがありました．$(\cos t, \sin t)$ で t を 0 から 2π まで動かす，という，これも高校以来，定番です．

… 他にはありませんか？

… えーと，無理して思い浮かべれば $y = \sqrt{1-x^2}$ ですけど．$y = -\sqrt{1-x^2}$ もそうだな．

… $x = \pm\sqrt{1-y^2}$ はどうですか？

… あ，そうか．y-軸から見るのか．でも関数のグラフというと大体いつも $y = f(x)$ という形で習ってきました．

… 曲線を表すには以下の 3 種類の方法があります．

(1) $y = f(x)$ というグラフとして表す．ときには $x = g(y)$ という y 軸から

みたグラフとして表すのがよいこともある．

(2) パラメータ表示する．t はある区間 $I = [a,b]$ を動くパラメータとし，2つの関数 $x(t), y(t)$ を用いて $\{(x(t), y(t)); t \in I\}$ という形で曲線を表す．

(3) ある関数 $f(x,y)$ が零になる点の集合として表す．

(1) でいうグラフ $y = g(x)$ による表示があれば，$f(x,y) = y - g(x)$ とおくと (1) $\Longrightarrow$ (3) です．また (1) は (2) で特に x または y がパラメータになっている場合と考えられます．(2) においては普通 $|x'(t)| + |y'(t)| \neq 0, \forall t \in I$，という条件を加えます．このとき，例えばある点 t_0 で $x'(t_0) \neq 0$ なら逆関数の定理により t_0 の近くで $x(t)$ の逆関数 $t(x)$ が考えられます．このとき $g(x) = y(t(x))$ とすれば $(x(t_0), y(t_0))$ の近くで曲線は $y = g(x)$ という形に書けたことになります．すなわち (1) $\Longleftrightarrow$ (2) です．(3) の場合を $f(x,y) = 0$ が定める陰関数による表示といいます．(3) に関連して重要な事実は**陰関数の定理**です．これによって (3) $\Longrightarrow$ (1) となります．

定理 1.4.1 平面内で方程式 $f(x,y) = 0$ で書かれている曲線 C を考える．C 上の点 (a,b) を任意にとれば次のことが成り立つ．

(1) $(\frac{\partial f}{\partial y})(a,b) \neq 0$ ならば，(a,b) の近くで C は $y = g(x)$ という形に書ける．

(2) $(\frac{\partial f}{\partial x})(a,b) \neq 0$ ならば，(a,b) の近くで C は $x = h(y)$ という形に書ける．

… $(\frac{\partial f}{\partial y})(a,b) \neq 0$ というのはどんな意味があるのかな？

… これはあとでお話しますが，$(\frac{\partial f}{\partial x}, \frac{\partial f}{\partial y})$ は $f(x,y) = 0$ という曲線の法線ベクトルです．$(\frac{\partial f}{\partial y})(a,b) \neq 0$ は点 (a,b) での法線ベクトルの y-成分が 0 でないということですから，(a,b) の近くではこの曲線が縦に真っすぐではないことを意味しています．そのために $y = g(x)$ という形に書けるんです．

… x で微分するか y で微分するかで違うのね．

… 昔，セミナーの途中で $\frac{\partial f}{\partial y}(x,y) \neq 0$ は $f(x,y)$ が y という変数を本当に含んでいるという意味だ，と教わったことがあります．上手い説明ですね．

… じつは陰関数の定理の証明を授業で聞いたんですけど，抽象的でよく分か

らなかったんです．陰関数を具体的に書く方法ってあるんですか？

… 陰関数の定理にいうところの $g(x)$ や $h(y)$ は $f(x,y)$ が簡単な式の場合でも具体的には書けない，あるいは簡単な式にはならないことが多いのです．例えば $f(x,y) = x^5 + 3xy + y^5 - C$ のとき，$g(x)$ や $h(y)$ は5次方程式の根として与えられます．しかし，5次以上の方程式の根の公式は存在しないのでした．陰関数の定理はいわゆる存在定理（なにかあるものの存在を保証する定理）で理論的な道具であり，具体的な計算を目的とするものではありません．

次の式は覚えておく方がいいです．

$f(x,y) = 0$ から $y = y(x)$ と書けるとき
$$\left(\frac{\partial f}{\partial x}\right)(y, y(x)) + \left(\frac{\partial f}{\partial y}\right)(y, y(x)) y'(x) = 0.$$

… えーと，$f(x, y(x)) = 0$ なんだから両辺を x で微分して．あ，前回の公式を使うのか．

… そうすると，次のことも成り立つわ．

$f(x,y) = 0$ から $x = x(t),\ y = y(t)$ と書けるとき
$$\left(\frac{\partial f}{\partial x}\right)(x(t), y(t))\frac{dx(t)}{dt} + \left(\frac{\partial f}{\partial y}\right)(x(t), y(t))\frac{dy(t)}{dt} = 0.$$

… 変数分離型の方程式を考えれば分かりますが，一般に微分方程式 $\frac{dy}{dx} = a(x,y)$ を解けば曲線 $f(x,y) = 0$ が得られます．逆に曲線 $f(x,y) = 0$ が与えられて，陰関数定理によって $y = y(x)$ という形に書けたとしましょう．このとき上の式から

$$\frac{dy(x)}{dx} = -\left(\frac{\partial f}{\partial x}\right)(x, y(x)) \Big/ \left(\frac{\partial f}{\partial y}\right)(x, y(x)) \tag{1.5}$$

となります．また，陰関数のかわりに $x = x(t),\ y = y(t)$ という形で曲線をパラメータ表示したときには

$$\left(\frac{\partial f}{\partial x}\right)(x(t), y(t))\frac{dx(t)}{dt} + \left(\frac{\partial f}{\partial y}\right)(x(t), y(t))\frac{dy(t)}{dt} = 0 \tag{1.6}$$

が得られます.

… 微分方程式を考えることと曲線を考えることとは同じことなんだな.

… ところで上に現れた 2 つの式 (1.5), (1.6) は同じものを表していて, どちらかを優先させるべきものではありません. それならいっそのことこの微分方程式を

$$\frac{\partial f}{\partial x}(x,y)dx + \frac{\partial f}{\partial y}(x,y)dy = 0 \tag{1.7}$$

と書いてよいのではないでしょうか.

… ちょっと待ってください. 少し考えさせてください. えーと

$$a(x,y)dx + b(x,y)dy = 0 \tag{1.8}$$

という式がでてきたら

$$\frac{dy}{dx} = -\frac{a(x,y)}{b(x,y)} \tag{1.9}$$

という微分方程式だと思え, ということですか.

… でも

$$a(x,y)\frac{dx}{dt} + b(x,y)\frac{dy}{dt} = 0 \tag{1.10}$$

のときには未知関数が $x(t), y(t)$ の 2 つだぞ.

… うーん, あ, そうか. (1.10) を $\frac{dx}{dt}$ で割るやろ.

$$\frac{dy/dt}{dx/dt} = \frac{dy}{dx}$$

だから (1.10) は (1.9) と同じだ.

… それなら, (1.9) を

$$\frac{dx}{dy} = -\frac{b(x,y)}{a(x,y)}$$

としてもいいんじゃない. 曲線を関数のグラフとして表すときに, $y = y(x)$ としてもいいし, $x = x(y)$ としてもよかったんだから.

$$a(x,y)dx + b(x,y)dy = 0 \iff \frac{dy}{dx} = -\frac{a(x,y)}{b(x,y)}, \quad \frac{dx}{dy} = -\frac{b(x,y)}{a(x,y)}$$

…かなり分かってきたな. $a(x,y)dx + b(x,y)dy = 0$ は x, y に関して対等であるところがいいな.

例題 1.4.2 $x\sqrt{1+y^2}\,dx + y\sqrt{1+x^2}\,dy = 0$ を解け.

解 与えられた方程式は
$$\frac{x}{\sqrt{1+x^2}}\,dx + \frac{y}{\sqrt{1+y^2}}\,dy = 0$$
であるから, これを積分して $\sqrt{1+x^2} + \sqrt{1+y^2} = C$. □

…変数分離型の方程式 $\dfrac{dy}{dx} = -\dfrac{x}{y}\sqrt{\dfrac{1+y^2}{1+x^2}}$ を解く操作を書き直すとこうなるのね.

1.5 完全微分型方程式

…さて微分方程式を解く方法をいくつか伝授しましょう. 微分方程式を
$$a(x,y)dx + b(x,y)dy = 0 \tag{1.11}$$
という形にします. (1.11) で特に, ある関数 $f(x,y)$ によって
$$\frac{\partial f}{\partial x}(x,y) = a(x,y), \quad \frac{\partial f}{\partial y}(x,y) = b(x,y) \tag{1.12}$$
となっているときに**完全微分型**といいます. このときには解がすぐに求められます. 実際 C を定数として $f(x,y) = C$ から $y = g(x)$ という陰関数を求めれば $f(x, y(x)) = C$ ですから両辺を x で微分すれば
$$\Big(\frac{\partial f}{\partial x}\Big)(x,y(x)) + \Big(\frac{\partial f}{\partial y}\Big)(x,y(x))y'(x) = 0$$
となってこれは (1.11) を表しています. 逆に (1.11) の解 $y(x)$ があれば
$$\frac{d}{dx}f(x,y(x)) = \Big(\frac{\partial f}{\partial x}\Big)(x,y(x)) + \Big(\frac{\partial f}{\partial y}\Big)(x,y(x))y'(x) = 0$$
ですから $f(x,y(x))$ は定数です.

… $f(x,y) = C$ という曲線が解なのね.

1.5 完全微分型方程式

··· さてここで次のような記号を導入しましょう. 関数 $f(x,y)$ に対して

$$df(x,y) = \frac{\partial f}{\partial x}(x,y)dx + \frac{\partial f}{\partial y}(x,y)dy \tag{1.13}$$

を f の**微分** (differential) とよびます. 昔は**全微分** (total differential) とよばれていましたが最近は単に微分というようです. この記号は便利です. 例えば上でやったことは

$$\boxed{df = 0 \iff f = C}$$

となるでしょう.

··· ははーん, 微分が 0 だから f は定数か. これは分かりやすいわ.

··· 変数分離型は完全微分型です. $a(x)dx - b(y)^{-1}dy = 0$ という方程式が与えられたとき,

$$f(x,y) = \int a(x)dx - \int b(y)^{-1}dy$$

とおけば $f_x(x,y) = a(x), f_y(x,y) = -b(y)^{-1}$ となります.

··· あ, これは前に思いついた解法そのものだな.

··· そうすると $a(x,y), b(x,y)$ が与えられたときに $f_x = a, f_y = b$ となる $f = f(x,y)$ を見つければいいのね. でも今度は方程式が 2 つよ.

··· 2 変数だからそんなに易しくはないんです. まず次のことに注意しましょう.

定理 1.5.1 $f_x(x,y) = a(x,y), f_y(x,y) = b(x,y)$ を満たす $f(x,y)$ が存在するための必要十分条件は $a_y(x,y) = b_x(x,y)$ が成り立つことである.

証明 $a = f_x, b = f_y$ ならば $a_y = f_{xy} = f_{yx} = b_x$ である. 逆を示すのに

$$f(x,y) = \int_{x_0}^{x} a(t,y)dt + r(y)$$

という形で f を求める. x_0 はどのような値でもよいが y にはよらない定数とする. これよりただちに $f_x(x,y) = a(x,y)$ である. また $a_y(x,y) = b_x(x,y)$ であるから

$$f_y(x,y) = \int_{x_0}^{x} a_y(t,y)dt + r'(y)$$

$$= \int_{x_0}^{x} b_x(t,y)dt + r'(y)$$

となる．右辺第 1 項は $b(x,y)$ を x で微分したものを x で積分するのであるから $b(x,y) - b(x_0,y)$ という形になる．そこで $r'(y) = b(x_0,y)$ となる $r(y)$ を求めればよいから

$$f(x,y) = \int_{x_0}^{x} a(t,y)dt + \int_{y_0}^{y} b(x_0,s)ds. \qquad \square$$

… 上の証明は微分方程式の解法も与えているんですね．下の問題を解いてみてください．

例題 1.5.2 $(3x^2 + y)dx + (x + 4y^3)dy = 0$ を解け．

解 $(3x^2+y)_y = 1 = (x+4y^3)_x$ であるから，この方程式は完全微分型である．$f_x = 3x^2 + y$ を満たす $f(x,y)$ は $f(x,y) = x^3 + xy + r(y)$ と書ける．$f_y = x + r'(y) = x + 4y^3$ となるなら，$r'(y) = 4y^3$．よって $r(y) = y^4$ となり，$f(x,y) = x^3 + xy + y^4 = C$ が解である． $\square$

… こういう計算なら好きだしできそうだな．いろいろやってみよう．

問題 1.5.3 次の微分方程式を解け．
 (1) $(1 + x\sqrt{x^2+y^2})dx + (2 + y\sqrt{x^2+y^2})dy = 0$
 (2) $(ax + by + p)dx + (ay + bx + q)dy = 0$

解 (1) $(1+x\sqrt{x^2+y^2})_y = xy(x^2+y^2)^{-1/2} = (2+y\sqrt{x^2+y^2})_x$ であるからこの方程式は完全微分型である．$f(x,y) = x + \frac{1}{3}(x^2+y^2)^{3/2} + r(y)$ とおくと $f_x = 1 + x\sqrt{x^2+y^2}$ である．$f_y = y\sqrt{x^2+y^2} + r'(y)$ であるから $r(y) = 2y$ ととれば $f_y = 2 + y\sqrt{x^2+y^2}$．よって $f(x,y) = x + 2y + \frac{1}{3}(x^2+y^2)^{3/2} = C$ が解である．

(2) $(ax+by+p)_y = b = (ay+bx+p)_x$ であるからこの方程式は完全微分型である．$f(x,y) = \frac{a}{2}x^2 + bxy + px + r(y)$ とおくと，$f_x = ax + by + p$ である．また $f_y = bx + r'(y) = ay + bx + q$ より $r'(y) = ay + q$ であるから $r(y) = \frac{a}{2}y^2 + qy$ ととればよい．よって $f(x,y) = \frac{a}{2}(x^2+y^2) + bxy + px + qy = C$ が解．

1.6 積分因子を見つければ

⋯ $a(x,y)dx + b(x,y)dy = 0$ が $a_y = b_x$ を満たさないときには前の様にしては解けません．しかしこの方程式に適当な関数 $M(x,y)$ をかけると $(Ma)_y = (Mb)_x$ が成り立ち，完全微分型となることがあります．それには M を次の方程式を満たすようにとればいいのです．

$$aM_y - bM_x = M(b_x - a_y). \tag{1.14}$$

⋯ えーと $(Ma)_y = (Mb)_x$ が成り立てばいいんだから $M_y a + M a_y = M_x b + M b_x$．(1.14) になるな．

⋯ M をかけたら微分方程式の形が変わるんじゃないかな．

⋯ $\dfrac{dy}{dx} = -\dfrac{a(x,y)}{b(x,y)}$ の分母，分子に同じ関数をかけているから方程式としては同じよ．

⋯ このような M を**積分因子**とよびます．$\mu = \log M$ とおけば (1.14) は少し簡単になります．

$$a\mu_y - b\mu_x = b_x - a_y \quad \text{を解けば} \quad e^\mu(adx + bdy) = df \text{ となる．}$$

こういうことは例で確かめるのが一番です．

例題 1.6.1 $(x^2 - y^2 - 1)dx + 2xy dy = 0$ を解け．

解 $(x^2 - y^2 - 1)_y = -2y, (2xy)_x = 2y$ だから完全微分型ではない．積分因子を求めるために方程式

$$(x^2 - y^2 - 1)\mu_y - 2xy\mu_x = 4y$$

を考える．両辺を $2xy$ でわれば

$$\frac{x^2 - y^2 - 1}{2xy}\mu_y = \mu_x + \frac{2}{x} \tag{1.15}$$

となる．右辺は変数 x だけの微分方程式であるから，x のみの関数 $\mu(x)$ で右辺 $= 0$ となるものを求めれば左辺も 0 になり，(1.15) は満たされる．よって $\mu = $

$-2\log x$ から $M = x^{-2}$ という積分因子が求められる．$f_x = (x^2 - y^2 - 1)/x^2$ より $f(x,y) = x + (y^2+1)/x + r(y)$ となり，$f_y = 2y/x + r'(y) = 2y/x$ より $r(y) = 0$ であればよい．よって元の方程式の解は $x + (y^2+1)/x = C$．これは $x^2 - Cx + y^2 + 1 = 0$ という円である． □

… 上の例題の解法はある程度一般性を持っています．$a\mu_y - b\mu_x = b_x - a_y$ の両辺を b でわって

$$\frac{a}{b}\mu_y = \mu_x + \frac{b_x - a_y}{b} \tag{1.16}$$

という形にします．もし右辺が変数 x のみの微分方程式になれば，右辺 $= 0$ を解いて $\mu(x)$ を求めれば左辺も 0 になります．両辺を a でわった

$$\mu_y - \frac{b_x - a_y}{a} = \frac{b}{a}\mu_x$$

についても同様です．次の方程式はどうなりますか？

$$(a(x)y + f(x))\, dx - dy = 0. \tag{1.17}$$

… えーと (1.16) は

$$(a(x)y + f(x))\,\mu_y = -\mu_x - a(x)$$

となるから $\mu_x = -a(x)$ より $\mu = -A(x)$ ただし $A'(x) = a(x)$．すると上の方程式 (1.16) を満たしているから，$M = e^{-A(x)}$．すると方程式は

$$e^{-A(x)}\,(a(x)y + f(x))\,dx - e^{-A(x)}dy = 0$$

となるから

$$F_x = (a(x)y + f(x))\,e^{-A(x)}, \quad F_y = -e^{-A(x)}$$

を満たす $F(x,y)$ を求めればいいわけか．すると $F_x = -(e^{-A(x)})'y + e^{-A(x)}f(x)$ だから $F = -e^{-A(x)}y + \int_{x_0}^{x} e^{-A(z)}f(z)dz$．あ，これは $F_y = -e^{-A(x)}$ を満たしているな．答えは $F = C$ だから $y = e^{A(x)}(C + \int_{x_0}^{x} f(z)e^{-A(z)}dz)$.

… これは見たことがあるぞ．$\dfrac{dy}{dx} = a(x)y + f(x)$ だから上の答えは定数変化法というやつじゃないかな．

問題 1.6.2 次の微分方程式を解け.

(1) $(x-y)dx + xdy = 0$ (2) $(y^2 - xy)dx + x^2 dy = 0$

$\cdots$ (1) は $(x-y)\mu_y - x\mu_x = 2$ を解けばいいんやから, まず $x\mu_x = -2$ を解いて $\mu = -2\log x$. すると $M = x^{-2}$ が積分因子だから $f_x = (x-y)/x^2$, $f_y = 1/x$ を解くのか. 後の方が簡単そうだな. $f_y = 1/x$ から $f = y/x + g(x)$. すると $f_x = -y/x^2 + g'(x) = 1/x - y/x^2$ となって $g'(x) = 1/x$. すると $g(x) = \log x$ か. $f(x,y) = \log x + y/x$ だから $\log x + y/x = C$ が答えなのか.

$\cdots$ (2) は $(y^2 - xy)\mu_y - x^2 \mu_x = 3x - 2y$ を解けばいいのね. すると.

$\cdots$ あれれ, これは今までみたいにうまくいかないな. 降参だな.

$\cdots$ これは難しいんですね. 次のようにしたらどうですか？

(a) $(y^2 - xy)\mu_y - x^2 \mu_x = x$, (b) $(y^2 - xy)\mu_y - x^2 \mu_x = 2(x-y)$

という 2 つの方程式を考えてみるんです.

$\cdots$ (a) を解いたら $\mu = -\log x$ で, (b) を解いたら $\mu = -2\log y$. それからどうしよう.

$\cdots$ ははーん. 足すんやな. あのな $L = (y^2 - xy)\frac{\partial}{\partial y} - x^2 \frac{\partial}{\partial x}$ とおくやろ. すると (a) は $L\mu = x$ で (b) は $L\mu = 2(x-y)$ や. だから (a) の解を μ_1, (b) の解を μ_2 とすると $L(\mu_1 + \mu_2) = L\mu_1 + L\mu_2 = x + 2(x-y) = 3x - 2y$ で OK や.

$\cdots$ なるほど. すると $\mu = \mu_1 + \mu_2 = -\log x - 2\log y = \log M$ だから $M = 1/(xy^2)$. そこで $f_x = 1/x - 1/y$, $f_y = x/y^2$ で $\log x - x/y = C$ が答えになるのか.

$\cdots$ この辺は慣れてくるといろいろなことを思いつきますので計算の好きな人には楽しめます. 例えば今の考え方は $a\mu_y - b\mu_x = b_x - a_y$ が

$$P(x,y)\alpha(y)\mu_y + Q(x,y)\beta(x)\mu_x = P(x,y) + Q(x,y)$$

という形のときに使えます. あるいは

$$d(xy) = xdy + ydx, \quad d(x^2 + y^2) = 2(xdx + ydy), \quad d(\frac{x}{y}) = \frac{ydx - xdy}{y^2}$$

のような関係に注目すると計算が速くなることもあります.

問題 1.6.3 次の微分方程式を解け.
 (1) $(3xy^3+2y)dx+(x^2y^2-x)dy=0$ (2) $(x^2+y^2-2x)dx-2ydy=0$

解 (1) $(3xy^2+2)y\mu_y-(xy^2-1)x\mu_x=-2(3xy^2+2)-(xy^2-1)$ を解いて $e^\mu=x/y^2$ だから $x^3y+x^2/y=C$

(2) $(x^2+y^2)dx=d(x^2+y^2)$ だから $f=x^2+y^2$ とおくと $dx=\frac{1}{f}df=d\log f$. これより $x=\log f+C$ だから $e^x=C(x^2+y^2)$. □

··· いつのまにか難しい方程式が解けるようになったのね.
··· 感激だな！ 今までこんな計算したことなかったものな.

1.7 積分因子は存在する

··· でもね, $a\mu_y-b\mu_x=b_x-a_y$ って変数が2つあるから偏微分方程式でしょう. 偏微分方程式って1変数の常微分方程式より難しいはずでしょう. 今までは a,b を具体的に与えて解ける例を考えていたけど, 本当はかえって話を難しくしたんじゃないかしら.

··· うん, 同じことを考えていたんだ. 微分方程式は一般には解けないらしい. だけど積分因子がいつでも求められるのなら, 微分方程式がいつでも解けることになるんじゃないかって.

··· いいところに気がつきました. 今日はそのお話をしましょう. かいつまんでいえば

> 積分因子はつねに存在する, しかし, 積分因子を具体的に計算できる, という意味ではない.

ということになるんですが.

··· また分かったような分からないような話になりそうだな.
··· 簡単な場合から始めましょう. a,b が実の定数のときに

$$au_x+b_y=f$$

を解くには, $x=a_{11}t+a_{12}s, y=a_{21}t+a_{22}s$ という変数変換を考えるのが有

効です. $u(x,y)$ が解だとして $v(t,s) = u(x,y) = u(a_{11}t + a_{12}s, a_{21}t + a_{22}s)$ とおくと

$$v_t = a_{11}u_x + a_{21}u_y$$

となりますから, $a_{11} = a, a_{21} = b$ とおけばいいでしょう. a_{12}, a_{22} の方は (x,y) と (t,s) が 1 対 1 に対応するために $a_{11}a_{22} - a_{12}a_{21} \neq 0$ となるようにとっておけばいいのです. すると与えられた方程式は

$$\frac{\partial}{\partial t}v(t,s) = f(a_{11}t + a_{12}s, a_{21}t + a_{22}s)$$

となりましたから,

$$v(t,s) = \int_{t_0}^{t} f(a_{11}\tau + a_{12}s, a_{21}\tau + a_{22}s)d\tau + C$$

です. (t,s) から元の変数 (x,y) に戻せば解が得られました. これは大事な計算なので少し練習をしましょう.

例題 1.7.1 $p = x - t, q = x + t$ とおいて方程式

$$u_{tt} - u_{xx} = 0, \quad u(0,x) = f(x), \quad u_t(0,x) = g(x),$$

を解け.

解 $v(p,q) = u(x,y)$ とおくと

$$u_t = -v_p + v_q, \quad u_{tt} = -(v_p)_t + (v_q)_t = -(-v_{pp} + v_{pq}) + (-v_{qp} + v_{qq}),$$

$$u_x = v_p + v_q, \quad u_{xx} = (v_p)_x + (v_q)_x = (v_{pp} + v_{pq}) + (v_{qp} + v_{qq})$$

だから方程式は $-4v_{pq} = 0$ となる. まず $\frac{\partial v_p}{\partial q} = 0$ を解いて

$$v_p(p,q) = a(p),$$

ここで $a(p)$ は p のみを変数にもつ関数. この式を p で積分して

$$v(p,q) = A(p) + B(q),$$

ここで $A(p), B(q)$ はそれぞれ p, q のみを変数にもつ関数. よって方程式 $u_{tt} - u_{xx} = 0$ の解は $u(t,x) = A(x-t) + B(x+t)$ という形をしている.

$$u(0,x) = A(x) + B(x) = f(x), \quad u_t(0,x) = -A'(x) + B'(x) = g(x)$$

だから

$$f'(x) - g(x) = 2A'(x), \quad f'(x) + g(x) = 2B'(x).$$

となり

$$A(x) = \frac{1}{2}f(x) - \frac{1}{2}\int_0^x g(y)dy + C_1,$$

$$B(x) = \frac{1}{2}f(x) + \frac{1}{2}\int_0^x g(y)dy + C_2$$

となる．これより

$$u(t,x) = \frac{1}{2}\left(f(x+t) + f(x-t)\right) + \frac{1}{2}\int_{x-t}^{x+t} g(y)dy + C$$

であるが, $t = 0$ とすれば $C = 0$ であることが分かり

$$u(t,x) = \frac{1}{2}\left(f(x+t) + f(x-t)\right) + \frac{1}{2}\int_{x-t}^{x+t} g(y)dy$$

となる． □

… これはなにかいわれのある方程式なんですか？

… これは直線上の波を表した方程式です．無限に長いギターの弦が水平においてあって時刻 t において x の位置で弦が上下方向に $u(t,x)$ だけ動いているとすると, $u(t,x)$ の方程式はこうなります．

… これ, 絵に描くとどうなるかな？

… $u(u,x) = F(x-t) + G(x+t)$ という形に書けることに注意してください．$y = F(x-t)$ は $y = F(x)$ のグラフを右に t だけ動かしたもので, $y = G(x+t)$ は $y = G(x)$ のグラフを左に t だけ動かしたものです．波が右と左に分かれて動いていることを表しているんですね．

… 途中で v_{pq} という記号がでてきます．これは v を先に p で微分して次に q で微分する, という意味ですよね．ところが $v_{pq} = v_{qp}$ ということを使って計算していると思うんですが．

… そうそう．たしか, v が連続的微分可能でないときには $v_{pq} \neq v_{qp}$ となる例が教科書にのっていました．

· · · たしかにそうなんですが, じつは別な議論から $f(x), g(x)$ が連続的微分可能なら $u(t, x)$ もそうなることは分かっていることと, 今のような初歩的段階では扱っている関数はすべて性質のよい関数であると思って計算の仕方に慣れることに重点をおいた方がいいので, この辺のことは深入りせずにすませたいのです.

· · · 単に教科書を読んでいるだけでは分からないことがいろいろあるのね.

· · · そうなんです. すべてに備えた本などというものは書けるものではありません. 自分で考えるのは大事ですが, よい相談相手が一人いれば随分理解が違ってきます.

1.8 　常微分方程式と偏微分方程式が同値だなんて

· · · さて本論にもどりましょう. いきなりですが次の式に注意しましょう. (x, y) から (s, t) に変数変換すると

$$\frac{\partial}{\partial s} = \frac{\partial x}{\partial s}\frac{\partial}{\partial x} + \frac{\partial y}{\partial s}\frac{\partial}{\partial y}, \quad \frac{\partial}{\partial t} = \frac{\partial x}{\partial t}\frac{\partial}{\partial x} + \frac{\partial y}{\partial t}\frac{\partial}{\partial y} \tag{1.18}$$

· · · いきなりで眼がぱちくりやな.

· · · これはこういう意味です. (x, y) から (s, t) に変数変換すると x, y はそれぞれ (s, t) の関数になります. それを $x(s, t), y(s, t)$ と書いて $u(x(s, t), y(s, t))$ を t で微分すると

$$\begin{aligned}\frac{\partial}{\partial t}u(x(s,t), y(s,t)) &= \frac{\partial x(s,t)}{\partial t}\left(\frac{\partial u}{\partial x}\right)(x(s,t), y(s,t)) \\ &\quad + \frac{\partial y(s,t)}{\partial t}\left(\frac{\partial u}{\partial y}\right)(x(s,t), y(s,t))\end{aligned}$$

となる. というのが合成関数の微分の公式でした. これを簡略に書いたのが (1.18) です. 今後, 合成関数の微分をたくさん行いますので簡単な記述の仕方に慣れておく方がいいのです. 例をあげましょう. (x, y) から (r, θ) という極座標にうつるとどうなりますか？

· · · $x = r\cos\theta, y = r\sin\theta$ だから

$$\frac{\partial}{\partial r} = \cos\theta\frac{\partial}{\partial x} + \sin\theta\frac{\partial}{\partial y}, \quad \frac{\partial}{\partial \theta} = -r\sin\theta\frac{\partial}{\partial x} + r\cos\theta\frac{\partial}{\partial y}$$

… そうです．じつは次のような式にして覚えておくと便利です．

$$r\frac{\partial}{\partial r} = x\frac{\partial}{\partial x} + y\frac{\partial}{\partial y}, \quad \frac{\partial}{\partial \theta} = -y\frac{\partial}{\partial x} + x\frac{\partial}{\partial y} \tag{1.19}$$

問題 1.8.1 次の方程式を解け．

（1） $xu_x + yu_y = 2xy$. （2） $-yu_x + xu_y = x - y$.

解 (1.19) を用いると (1) は $u_r = 2r\cos\theta\sin\theta$ だから $u = r^2\cos\theta\sin\theta + C = xy + C$. (2) は $u_\theta = r(\cos\theta - \sin\theta)$ だから $u = r(\sin\theta + \cos\theta) + C = x + y + C$. □

… さて元の問題ですが，(x,y) から (t,s) に変数変換して

$$a(x,y)\frac{\partial}{\partial x} + b(x,y)\frac{\partial}{\partial y} = \frac{\partial}{\partial t} \tag{1.20}$$

という形になるようにするというのがアイディアです．そうすれば $au_x + bu_y = f$ という微分方程式は $au_t = f$ になりますから t で積分すればいいでしょう．
… t という変数しかでてきてないんですけど s の方はどうしたらいいんですか？
… そこが少し難しいので注意して聞いてください．状況に応じて簡単に見つけられることありますが，一般には次のようにすればいいのです．$C = \{(c_1(s), c_2(s)); s_1 < s < s_2\}$ という曲線を想定します．そして

$$\frac{dX}{dt} = a(X,Y), \quad \frac{dY}{dt} = b(X,Y), \tag{1.21}$$

$$X(0) = c_1(s), \quad Y(0) = c_2(s) \tag{1.22}$$

という微分方程式を考えます．これは t を変数とし s をパラメータにもつ微分方程式です．その解を $x = X(s,t), y = Y(s,t)$ と書くことにします．そうすると $(s,t) \to (x,y)$ という変数変換が考えられます．
… $(x,y) \to (s,t)$ という変数変換を求めたかったんじゃないんですか？
… そうなんです．そこで $(s,t) \to (x,y)$ の逆写像を考えようというわけなんですが，こういうときにはどう考えるんでしたか？
… えーと，たしか逆関数の定理というのがあったと思うんですが，この辺はどうも苦手で．

… そうそう, なんだか大げさな割に具体性がなくて分かった気になれないんや.
… 陰関数の定理や逆関数の定理は具体的な計算というよりは理論的に一歩進むときの道具なので, この機会に使い方をよく見てください. まず**逆関数定理**を思い出しましょう.

定理 1.8.1 原点 $(0,0)$ の近くで定義された C^∞-写像 $y_1(x_1, x_2), y_2(x_1, x_2)$ が $(y_1(0,0), y_2(0,0)) = (0,0)$ と

$$\det \begin{pmatrix} \frac{\partial y_1}{\partial x_1}(0,0) & \frac{\partial y_1}{\partial x_2}(0,0) \\ \frac{\partial y_2}{\partial x_1}(0,0) & \frac{\partial y_2}{\partial x_2}(0,0) \end{pmatrix} \neq 0 \tag{1.23}$$

を満たすとき, 原点近くの (x_1, x_2) は $x_1 = \varphi_1(y_1, y_2), x_2 = \varphi_2(y_1, y_2)$ のように (y_1, y_2) の関数として一意的に書ける.

… 普通は記号の節約のために関数 φ_1, φ_2 を $x_1 = x_1(y_1, y_2), x_2 = x_2(y_1, y_2)$ と書いています.

… 写像という言葉はいかめしいな.

… 今の場合には単にベクトル値関数ということなのですが, 平面を平面にどのように写しているかということに主な関心がありますので写像とよんでいる, と思ってください.

… (1.23) はどんな意味があるんですか？

… 大事なところです. 考えてみてください. 簡単な場合にはどうなりますか？

… 簡単な場合といわれても困るな. 例えば $y_1 = ax_1 + bx_2, y_2 = cx_1 + dx_2$ という線形写像の場合はどうなるのかな？

… あ, そのときは (1.23) は行列式が 0 でないということだから逆行列がある, ということか. すると定理は OK だな.

… それでいいです. じつは一般の場合も線形写像で近似して逆写像を作る, ということをします. このように陰関数定理や逆関数定理は線形写像の場合を思い浮かべると定理の意味が理解できることが多いのです. さてそこで (1.22) を s で微分しますと

$$\frac{\partial x}{\partial s}(s, 0) = \dot{c}_1(s), \quad \frac{\partial y}{\partial s}(s, 0) = \dot{c}_2(s)$$

となります．ここで $\dot{c}_1(s), \dot{c}_2(s)$ は s に関する微分です．$(s,t) \to (x,y)$ という写像のヤコビアンを曲線 C のところで考えてみましょう．それは $t=0$ とすることですから

$$\det \begin{pmatrix} \dfrac{\partial x}{\partial s}(0,s) & \dfrac{\partial x}{\partial t}(0,s) \\ \dfrac{\partial y}{\partial s}(0,s) & \dfrac{\partial y}{\partial t}(0,s) \end{pmatrix} = \det \begin{pmatrix} \dot{c}_1(s) & a(c_1(s), c_2(s)) \\ \dot{c}_2(s) & b(c_1(s), c_2(s)) \end{pmatrix} \tag{1.24}$$

を考えることです．そこでこの値が 0 にならないように曲線 C をとっておけばよいのです．

… 筋道は分かったけど (1.24) って難しそうで覚えられないわ．

… ところがこれはとても分かりやすいことなのです．ここは大事な話の転換点なのでよく聞いてください．まず変数を (x,y) と書くかわりに $x = (x_1, x_2)$ としましょう．すると微分方程式 (1.21) は

$$\frac{d}{dx} x(t) = A(x(t)), \quad A(x) = (a(x), b(x)) \tag{1.25}$$

となり，初期条件 (1.22) は

$$x(0) = c(s), \quad c(s) = (c_1(s), c_2(s)) \in C \tag{1.26}$$

となります．さて $\dot{c}(s) = (\dot{c}_1(s), \dot{c}_2(s))$ は点 $c(s)$ における曲線 C の接ベクトルです．(1.24) は $A(c(s))$ と $\dot{c}(s)$ から作られる行列式ですから，これが 0 でないということは $A(c(s))$ が曲線 C に接していないということです．

… そうか，接していたら $A(c(s))$ は $\dot{c}(s)$ の定数倍だものな．

… $A(x)$ は平面上の点 x に始点を持つベクトルです．平面の各点にこのようなベクトルをくっつけたものを**ベクトル場**といいます．微分方程式 (1.25) は点 $x(t)$ がベクトル場 $A(x(t))$ に押されて動いていることを表すと思えます．例えば $A(x)$ が x における風向きと風速を表すベクトルで，$x(t)$ は風船が風に流されて行く様子を表していると思えばいいでしょう．(1.24) は初期曲線 C においてベクトル場 $A(x)$ が図 (1.8-1) のようになっている，ということです．

… 微分方程式 (1.21) は解けるんですか？

… $A(x)$ が十分に微分可能な関数であれば s を任意に固定したとき，初期条件 (1.22) と方程式 (1.21) を満たす関数 $x(t)$ がある t の区間 $[-\epsilon, \epsilon]$ 上で存在し，

図 **1.8-1** 初期曲線

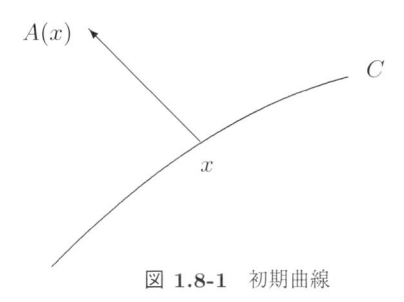

かつ唯一つであることが分かっています．これは常微分方程式の基本的な定理で詳しいことは本で見てください．

… すみません．難しくなってきたので復習していただけませんか？

> 平面上に関数 $a(x,y), b(x,y), f(x,y), g(x,y)$ と曲線 C が与えられたとする．$A(x,y) = (a(x,y), b(x,y))$ とおく．$A(x,y)$ は曲線 C に接しないとする．C 上の任意の点 P をとると，P を含むある開集合 U が存在し，U 上で方程式 $au_x + bu_y = f$ を満たし，$C \cap U$ 上で $u = g$ となる関数 $u(x,y)$ が唯一つ存在する．

… 結論のみでなく，証明の方法は常微分方程式 $\dfrac{d\mathbf{x}}{dt} = A(\mathbf{x})$, $\mathbf{x} = (x,y)$, の解を用いて $(x,y) \to (s,t)$ という変数変換を作り，曲線 C が $t=0$ に対応するようにする，ということにあることも覚えておいてください．

… これで元の積分因子の問題を考えるとどうなるのかしら？ まず微分方程式

$$a(x,y)dx + b(x,y)dy = 0 \tag{1.27}$$

を解くのに，積分因子の偏微分方程式

$$-b\mu_x + a\mu_y = b_x - a_y \tag{1.28}$$

を解くことになり，それを解くのに常微分方程式

$$\frac{dx}{dt} = -b, \quad \frac{dy}{dt} = a \tag{1.29}$$

を解くことになったのよね.

… あれれ, (1.29) は $dy/dx = -a/b$ だから (1.27) と同じだぞ.

… なんてこと. 偏微分方程式を考えたり, 逆関数定理を使ったり, 大げさなことをして元に戻っちゃうなんて何をしていたのかしら!

… 確かに一見, 元の黙阿弥です. 実際, 常微分方程式に対する一般的な定理によって, 解の存在だけを問題にするならば最初から肯定的であることが分かっていたのです.

… ひどいわ, 意地が悪いわ.

… すみません. しかしここでの話はこれまでと趣が違います. 前節までやっていたことは**求積法**で解を作る, すなわち四則演算と陰関数, 逆関数の定理を有限回使って解を見つけようとすることでした. **初等解法**ともいいます. 積分因子の方法がうまくいくときには解を具体的に表すことができます. 問題 1.6.3 を積分因子の方法を使わないで解くのはなかなか大変です.

… だけどベクトル場というのはけっこう説得力あったと思うけどな. 風船が風に吹かれて流れていくというイメージはおもしろいわ.

… 微分方程式に対する別の見方をしたい, というのがここでの目的です. 微分方程式は平面上のベクトル場を与えています. ベクトルの方向に積分することが微分方程式を解くということです. 積分する出発点を少しずつ変えれば曲線の族ができます. 微分方程式は曲線の族を記述している, とも考えられます.

上で見たように常微分方程式を解くことは 1 階の偏微分方程式を解くことに帰着されました. 後でもっと一般の場合について述べますが, 1 階の偏微分方程式を解くことはベクトル場に沿って常微分方程式を積分することに帰着されます. このように常微分方程式と 1 階の偏微分方程式は等価なものです. じつはこのことを利用して難しい力学の常微分方程式が解ける, という例があるのです.

… こういう考え方に御利益がある, ということやな..

… そこまでしばらくかかります. 先の楽しみとして期待していてください. 常微分方程式の発端は力学にありました. ニュートン力学が発展して**解析力学**という学問に成長しましたが, その数学的基礎はこのような常微分方程式と 1 階

偏微分方程式との関係にありました．この辺の話を掘り下げていこうというのが我々の目的なのです．

1.9 包絡線と微分方程式

··· 曲線と微分方程式に関連したもう一つの重要な考え方として**包絡線** (envelope) というものがあります．みなさんはホイヘンス (C. Huygens, 1629-1695) の原理というのを聞いたことがありますか？

··· あ，時計を作ったりサイクロイドを考えたりした人，ということは聞いたことがあるけど．

··· 池に石を投げ入れたとしますね．すると波が円状に拡がってゆきますがその様子を説明するものです．時刻 0 のときに原点を揺さぶります．波の速さを 1 とすると t_1 秒後に波の先端は原点中心半径 t_1 の円周 $C(0, t_1)$ になります．次にこの円周 $C(0, t_1)$ 上の各点 p を時刻 t_1 のときに揺さぶったと考えます．すると t_2 秒後においては p から発生した波の先端は p を中心とする半径 t_2 の円周 $C(p, t_2)$ 上にあります．すると時刻 $t_1 + t_2$ においては全体の波は $C(p, t_2)$ をすべて合わせた図形 $\bigcup_{p \in C(0, t_1)} C(p, t_2)$ となります．これはどういうものですか？

図 **1.9-1** ホイヘンスの原理

··· えーと，図を描いてみれば，あ，同心円になるな．外側の半径は $t_1 + t_2$ か．

··· 外側の円を想像するときには次のような操作をしていると思います．$\bigcup_{p \in C(0, t_1)} C(p, t_2)$ をすべて包みこむような曲線 C でしかも一番小さいものを考

える. すると C はそれぞれの $C(p,t_1)$ に接していますね. envelope には封筒という意味があります.

… なるほどな. すっぽり包む図形か！

… ホイヘンスはニュートンより前の人でその頃は現在のような波の微分方程式はありませんでした. でもこのホイヘンスの原理は波の進み方を説明するだけでなく, 波動方程式の解の作り方まで示唆しています. その辺は後に回して, 包絡線のことをここでは考えましょう. 最初に次のことに注意しましょう.

> 曲線が $f(x,y) = 0$ で与えられているとき, 点 (x,y) における法線方向は $\nabla f(x,y) = (f_x(x,y), f_y(x,y))$ で与えられる.

実際, 曲線を $(x(t), y(t))$ とパラメータ表示すれば $f(x(t),y(t)) = 0$ が成り立ち, これを t で微分すると

$$f_x(x(t),y(t))\frac{dx(t)}{dt} + f_y(x(t),y(t))\frac{dy(t)}{dt} = 0$$

となります. $\left(\frac{dx(t)}{dt}, \frac{dy(t)}{dt}\right)$ は曲線の接ベクトルですから, この式から $\nabla f(x(t), y(t))$ は接ベクトルに直交しており法ベクトルです.

… これは変数が増えても同じね.

… 空間の中の平面 $ax + by + cz = d$ の法線ベクトルは (a,b,c) か. それはそうだな.

… 区間 $I = (0,1)$ の中を動く実数 s をパラメータに持つ曲線族 $\{C_s ; s \in I\}$ があるとしましょう. s が動いたとき曲線 C_s が通過する領域 D の境界となる曲線 C はどのようなものになるかを考えます. s を固定するごとに C_s と C は一点 $P_s = (x(s), y(s))$ のみを共有するものとします. このとき C と C_s は P_s において接しています. もし接していなかったら s を少し動かしたとき C は D の内部に侵入していることが分かりますから.

C_s が $f(x,y,s) = 0$ という方程式で書かれているとすると

$$f(x(s), y(s), s) = 0 \tag{1.30}$$

です. これを s で微分して

$$\left(\frac{\partial f}{\partial x}\right)(x(s),y(s),s)\frac{dx(s)}{ds} + \left(\frac{\partial f}{\partial y}\right)(x(s),y(s),s)\frac{dy(s)}{ds}$$
$$+ \left(\frac{\partial f}{\partial s}\right)(x(s),y(s),s) = 0 \tag{1.31}$$

です. $\nabla f(x,y,s)$ は C_s の法ベクトルで, $\left(\dfrac{dx(s)}{ds}, \dfrac{dy(s)}{ds}\right)$ は C の接ベクトルです. これらは直交しますから

$$f_x(x(s),y(s))\frac{dx(s)}{ds} + f_y(x(s),y(s))\frac{dy(s)}{ds} = 0 \tag{1.32}$$

です. よって (1.31) と (1.32) から

$$f_s(x(s),y(s),s) = 0 \tag{1.33}$$

が得られます. よって C 上の点 (x,y) は

$$f(x,y,s) = 0, \quad f_s(x,y,s) = 0 \tag{1.34}$$

を同時に満たします. この 2 つの方程式から s を消去すれば x,y の方程式ができます. 例えば $f_s(x,y,s) = 0$ から $s = s(x,y)$ という形に解くことができるとき, これをもう一方の方程式に代入して $f(x,y,s(x,y)) = 0$ という方程式を導くことができます. これが C の方程式です. あるいは条件

$$\det \begin{pmatrix} f_x(x,y,s) & f_y(x,y,s) \\ f_{sx}(x,y,s) & f_{sy}(x,y,s) \end{pmatrix} \neq 0$$

が成り立っているならば (1.34) から連立陰関数の定理によって $x = x(s), y = y(s)$ という形に表すことができます. これが曲線 C のパラメータ表示を与えます.

… すみません. 連立陰関数の定理ってなんですか？
… 前に 2 変数の関数の場合をやりましたが, 次のように変数と関数の個数を増やしたものです.

---

n 個の変数 $x = (x_1, \cdots, x_n)$ と m 個のパラメータ $y = (y_1, \cdots, y_m)$ を持つ関数 $f_i(x,y), i = 1, \cdots, m,$ が $\det\left(\dfrac{\partial f_i}{\partial y_j}\right) \neq 0$ を満たすとき $f_1(x,y) = \cdots = f_m(x,y) = 0$ から $y = y(x)$ と表すことができる.

ここで $\left(\dfrac{\partial f_i}{\partial y_j}\right)$ は

$$\begin{pmatrix} \dfrac{\partial f_1}{\partial y_1}(x,y) & \cdots & \dfrac{\partial f_1}{\partial y_m}(x,y) \\ & \cdots & \\ & \cdots & \\ \dfrac{\partial f_m}{\partial y_1}(x,y) & \cdots & \dfrac{\partial f_m}{\partial y_m}(x,y) \end{pmatrix} \tag{1.35}$$

という行列です. もっと正確にいえば, ある点 $x^{(0)}, y^{(0)}$ に対して $f_1(x^{(0)}, y^{(0)}) = \cdots = f_m(x^{(0)}, y^{(0)}) = 0$ が成り立つとき, $x^{(0)}, y^{(0)}$ の近くの x, y で $f_1(x,y) = \cdots = f_m(x,y) = 0$ を満たすものはある関数 $g(x)$ によって $y = g(x)$ と書ける, というものです.

⋯ 線形写像の場合を考えてみると方程式は, A を m 行 n 列, B を m 行 m 列の行列として $Ax + By = 0$ か. $\det B \neq 0$ だから $y = -B^{-1}Ax$ と書ける, となるな.

⋯ 一般に曲線 C が曲線族 $\{C_s\}_{s \in I}$ に接しているとき C を $\{C_s\}_{s \in I}$ の**包絡線** (envelope) といいます. じつはこのように定義すると $\{C_s\}_{s \in I}$ が通過する領域の境界以外のものも包絡線に含まれることがあるのですが, 通常このように定義します.

問題 1.9.1 $C_s : f(x,y,s) = x/s + y/(1-s) - 1 = 0 \ (0 < x < 1)$ とする. 線分族 $\{C_s\}_{0<s<1}$ の包絡線を求めよ.

解 $f_s(x,y,s) = 0$ より $s = \sqrt{x}/(\sqrt{x} + \sqrt{y})$. これを $f(x,y,s) = 0$ に代入して $\sqrt{x} + \sqrt{y} = 1$. □

⋯ 包絡線の考え方がうまく適用できる例としてクレーロー (Clairaut) の方程式とよばれるものがあります:

$$y = xy' + f(y'). \tag{1.36}$$

C を定数として直線 $y = Cx + f(C)$ は解になっていることに注目します. p をパラメータにもつ直線族 $y = xp + f(p)$ を考えます. この直線族の包絡線は

$$x + f'(p) = 0, \quad y = xp + f(p)$$

から p を消去して得られます. あるいは $x = -f'(p), y = -pf'(p) + f(p)$ がパラメータ p による包絡線の表示であるとみることもできます. これから $dx/dp = -f''(p), dy/dp = -pf''(p)$ ですから

$$\frac{dy}{dx} = \frac{dy/dp}{dx/dp} = p$$

です. よって $y = xy' + f(y')$ が成り立っています. すなわち直線族 $\{y = xp + f(p)\}$ とその包絡線は (1.36) の解です.

… へー, クレーローの方程式というのは方程式そのものが解の族の表示になっているんだね.

… クレーローの方程式は平面曲線をその接線に対する条件から決定するときに現れます. $y = f(x)$ の点 (x, y) における接線の方程式は $Y = y'X + y - xy'$ と書けることを用いて $y - xy'$ を y' のみで表す条件を探せばよいのです.

例題 1.9.2 2 点 $(-c, 0), (c, 0)$ から曲線 C の任意の接線への距離の積がつねに b^2 であるとき, C はどのような図形か?

解 点 $(s, 0)$ と接線 $Y = y'X + y - xy'$ との距離は $|y - xy' + sy'|/\sqrt{1 + (y')^2}$ であるから

$$(y - xy')^2 - c^2(y')^2 = \pm b^2(1 + (y')^2)$$

という方程式が得られる. これは

$$y = xy' \pm \sqrt{(b^2 + c^2)(y')^2 + b^2}, \quad y = xy' \pm \sqrt{(c^2 - b^2)(y')^2 - b^2}$$

というクレーローの方程式である. $f(p) = \pm\sqrt{a^2p^2 + b^2}, a^2 = b^2 + c^2,$ として直線族 $y = px + f(p)$ の包絡線を求めると楕円 $\dfrac{x^2}{a^2} + \dfrac{y^2}{b^2} = 1$ が得られる. 後者からは双曲線 $\dfrac{x^2}{a^2} - \dfrac{y^2}{b^2} = 1, a^2 = c^2 - b^2,$ が得られる. □

問題 1.9.3 (1) $y = xy' + (y')^2$ はどのような曲線族とその包絡線を解とするか?

(2) 曲線 C の接線が x 軸, y 軸と交わる点を P, Q とするとき線分 PQ の

長さの 2 乗がつねに一定値 a^2 となっている.この曲線 C を求めよ.

解 (1) $C_p : y = xp + p^2$ が定める直線族とその包絡線 $y = -x^2/4$ が解である.

(2) C 上の点 (x, y) での接線の方程式は $Y = y + y'(X - x)$. これは Y 軸と $(0, y - y'x)$, X 軸と $(x - y/y', 0)$ で交わるから $(x - y/y')^2 + (y - y'x)^2 = a^2$. これより $y = xy' \pm ay'(1 + y'^2)^{-1/2}$. $f(p) = \pm ap(1 + p^2)^{-1/2}$ とおくと $x + f_p = 0$ より $x = \mp a(1 + p^2)^{-3/2}$. これを $y = xp \pm ap(1 + p^2)^{-1/2}$ に代入して $y = \pm ap^3(1 + p^2)^{-3/2}$. これから $x^{2/3} + y^{2/3} = a^{2/3}$. これはアステロイドとよばれる曲線である. □

第 2 章

1 階偏微分方程式

　この章では 1 階偏微分方程式の基礎的な事実を学びます．まず微分方程式系（連立偏微分方程式）を考えます．その解は曲面を表します．そのために初歩的な曲面の扱い方に慣れるのが目標です．次に 1 階偏微分方程式を考えます．常微分方程式である特性曲線と偏微分方程式の間の基本的な関係を理解しましょう．

　この章では 2 次元, 3 次元のときには変数を (x,y), (x,y,z) と書きますが，n 次元のときには $x = (x_1, \cdots, x_n)$ と書きます．また n 変数の関数 $f(x)$ の全微分を

$$df(x) = \frac{\partial f(x)}{\partial x_1} dx_1 + \cdots + \frac{\partial f(x)}{\partial x_n} dx_n$$

によって定義します．

2.1　曲線を表す微分方程式系

… 今までは

$$\frac{dx}{a(x,y)} = \frac{dy}{b(x,y)} \tag{2.1}$$

という形の微分方程式を考えていました．これは勿論 $dy/dx = b(x,y)/a(x,y)$ という意味です．あるいは $dx/dt = a(x,y)$, $dy/dt = b(x,y)$ という連立微分方程式と思ってもいいです．その解は $\mathbf{R}^2$ の中の曲線を表します．それでは 3 変数の場合に

$$\frac{dx}{a(x,y,z)} = \frac{dy}{b(x,y,z)} = \frac{dz}{c(x,y,z)} \tag{2.2}$$

はなにを表すでしょうか？
… (2.1) と比較すると，これは

$$\frac{dy}{dx} = \frac{b(x,y,z)}{a(x,y,z)}, \quad \frac{dz}{dx} = \frac{c(x,y,z)}{a(x,y,z)}, \tag{2.3}$$

ということかな．

… あるいは

$$\frac{dx}{dt} = a(x,y,z), \quad \frac{dy}{dt} = b(x,y,z), \quad \frac{dz}{dt} = c(x,y,z) \tag{2.4}$$

という連立微分方程式を表すと考えてもいいんじゃない？

… それでいいのです．(2.3) の場合には $(x, y(x), z(x))$, $\alpha < x < \beta$, (2.4) の場合には $(x(t), y(t), z(t))$, $\alpha < t < \beta$, は $\mathbf{R}^3$ 内の曲線を表しています．念のために次の問題を解いてください．

問題 2.1.1 (2.4) の解を $(x(t), y(t), z(t))$ とする．$a(x,y,z) \neq 0$ と仮定し，$dx/dt = a(x(t), y(t), z(t)) \neq 0$ より $t = t(x)$ と表す．このとき $Y(x) = y(t(x)), Z(x) = z(t(x))$ は (2.3) を満たすことを示せ．

解 合成関数と逆関数の微分の公式より

$$\frac{dY}{dx} = \frac{dy}{dt} \cdot \frac{dt}{dx} = \frac{dy/dt}{dx/dt} = \frac{b(x,y,z)}{a(x,y,z)}$$

である．$Z(x)$ についても同様． $\square$

例題 2.1.2 $\dfrac{dx}{y-z} = \dfrac{dy}{z-x} = \dfrac{dz}{x-y}$ を解け．

… t の微分方程式にすると

$$\frac{d}{dt}\begin{pmatrix} x \\ y \\ z \end{pmatrix} = \begin{pmatrix} 0 & 1 & -1 \\ -1 & 0 & 1 \\ 1 & -1 & 0 \end{pmatrix}\begin{pmatrix} x \\ y \\ z \end{pmatrix}$$

か．これから先はどうしたらよかったのかな？

… この方程式をベクトルと行列の形に書くと $\dfrac{d\mathbf{x}}{dt} = A\mathbf{x}$ だから行列の指数関数を用いて $\mathbf{x}(t) = e^{tA}\mathbf{x}(0)$．

… 行列の指数関数というのは

$$e^{tA} = \sum_{n=0}^{\infty} \frac{t^n}{n!} A^n$$

… A は交代行列ね. A が交代行列のとき e^{tA} は回転の行列になると習ったわ.
… 固有方程式は $\lambda(\lambda^2+3)=0$ だから $\lambda=0$ は固有値で固有ベクトルは $(1,1,1)$ か. すると e^{tA} はこの軸の周りの回転になるな.
… もう少し詳しく教えてくれないかな.
… まず A の転置行列を ^{tr}A と書くと交代行列だから $^{tr}A=-A$ で $^{tr}(e^{tA})=e^{t(^{tr}A)}=e^{-tA}$ となる. すると $^{tr}(e^{tA})e^{tA}=e^{-tA+tA}=I$ だから e^{tA} は直交行列. 次に A の固有値 0 に対する固有ベクトルを $\mathbf{v}_1$ とすると

$$e^{tA}\mathbf{v}_1 = \sum_{n=0}^{\infty}\frac{t^n}{n!}A^n\mathbf{v}_1 = \mathbf{v}_1$$

だから $\mathbf{v}_1$ は e^{tA} をかけても動かない. そこで $\mathbf{v}_1$ に 2 つのベクトルを補って $\mathbf{v}_1,\mathbf{v}_2,\mathbf{v}_3$ で正規直交系を作ると $e^{tA}\mathbf{v}_2, e^{tA}\mathbf{v}_3$ は $\mathbf{v}_1$ に直交する平面内の正規直交系だから e^{tA} はこの平面内の回転になる, ということや.
… みなさん, 線形代数をよく知ってますね. それなら次の解も理解できるでしょう.

解 $dx/dt=y-z, dy/dt=z-x, dz/dt=x-y$ より $d(x+y+z)/dt=0$, $d(x^2+y^2+z^2)/dt=2(xdx/dt+ydy/dt+zdz/dt)=0$ だから $x+y+z=C_1$, $x^2+y^2+z^2=C_2$. これは平面と球面の交わりが表す円である. □

… 鮮やかだなー. 簡単な計算で答えがでてきた.

問題 2.1.3 次の微分方程式を解け.
（1） $\dfrac{dx}{y}=\dfrac{dy}{-x}=\dfrac{dz}{-2x-3y}$ （2） $\dfrac{dx}{yz}=\dfrac{dy}{zx}=\dfrac{dz}{xy}$

解 (1) $dx/dt=y, dy/dt=-x, dz/dt=-2x-3y$ より $d(x^2+y^2)/dt=0$, $d(3x-2y+z)/dt=0$. よって $x^2+y^2=C_1, 3x-2y+z=C_2$. これは円柱の表面 $x^2+y^2=C_1$ の平面 $3x-2y+z=C_2$ による切り口である.

(2) $dx/dt=yz, dy/dt=zx, dz/dt=xy$ より $d(x^2-y^2)/dt=0, d(y^2-z^2)/dt=0$ だから $x^2-y^2=C_1, y^2-z^2=C_2$. これは双曲線を平行移動して得られる 2 つの曲面の交線である. □

… 上のことから推察できますが,

$$\frac{dx_1}{a_1(x_1,\cdots,x_n)} = \cdots = \frac{dx_n}{a_n(x_1,\cdots,x_n)}$$

は $\mathbf{R}^n$ の中の曲線を表す微分方程式です.

2.2 曲面を表す微分方程式系

··· 今度は
$$a(x,y,z)dx + b(x,y,z)dy + c(x,y,z)dz = 0 \tag{2.5}$$
という式が表すものを考えてみましょう. この式を
$$dz = -\frac{a(x,y,z)}{c(x,y,z)}dx - \frac{b(x,y,z)}{c(x,y,z)}dy \tag{2.6}$$
と書き換えて関数 $Z(x,y)$ の全微分の公式
$$dZ(x,y) = \frac{\partial Z(x,y)}{\partial x}dx + \frac{\partial Z(x,y)}{\partial y}dy$$
と比べてみます. もしも $Z(x,y)$ が方程式
$$\begin{cases} \dfrac{\partial Z}{\partial x} = -\dfrac{a(x,y,Z)}{c(x,y,Z)}, \\ \dfrac{\partial Z}{\partial y} = -\dfrac{b(x,y,Z)}{c(x,y,Z)} \end{cases} \tag{2.7}$$
を満たしていれば $z = Z(x,y)$ として (2.5) が満たされます. そこで (2.5) は偏微分方程式系 (2.7) を意味している, ということにしましょう.
··· (2.5) から x,y を変数にとったけど, y,z や z,x を変数にとることもできるし, その辺はどうなっているのかな.
··· それは大事なところです. 3 次元空間の中で $z = Z(x,y)$ で表される集合は曲面を表しています. 前に曲線の表し方を 3 種類言いましたが, 同様に曲面の表し方も 3 種類あります.

(1) $z = f(x,y)$ という関数のグラフとして表す. これは場合によっては $y = g(x,z)$, あるいは $x = h(y,z)$ というグラフとして表されることもある.

(2) $F(x,y,z) = 0$ という関数の零点集合として表す.

(3) 平面内のある領域を動くパラメータ (u,v) を用いて $x = X(u,v), y =$

$Y(u,v), z = Z(u,v)$ というパラメータ表示をする.

例えば原点中心半径 1 の球面を表すには (1) の方法では $z = \pm(1 - x^2 - y^2)^{1/2}$, (2) の方法では $x^2 + y^2 + z^2 - 1 = 0$, (3) の方法では $x = \sin\theta\cos\varphi, y = \sin\theta\sin\varphi, z = \cos\theta, 0 \le \theta < \pi, 0 \le \varphi < 2\pi$ と表される.

… 曲線の場合と同様にこれらは同値な表示法です. それを話す前に先ほどの問題を考えましょう.

… (2.5) を例えば y, z を変数にとったらどうなるかということね.

… 詳しくいいますと, $z = Z(x, y)$ によって定まる曲面の上で y, z がパラメータにとれたときの解と $Z(x, y)$ という解との関係を考えよう, ということです. そのために $z = Z(x, y)$ から $x = X(y, z)$ と表すことができたとします. すると $Z(X, y) = z$ ですから両辺を y で微分して $Z_x X_y + Z_y = 0$ ですから

$$X_y = -\frac{Z_y}{Z_x} = -\frac{b(X, y, Z)/c(X, y, Z)}{a(X, y, Z)/c(X, y, Z)} = -\frac{b(X, y, z)}{a(X, y, z)}$$

です. また $Z(X, y) = z$ を z で微分して $Z_x(X, y) X_z = 1$ ですから

$$X_z = \frac{1}{Z_x} = -\frac{c(X, y, Z)}{a(X, y, Z)} = -\frac{c(X, y, z)}{a(X, y, z)}$$

です. これは (2.5) で y, z を変数にとったときの方程式です.

… ということは $z = Z(x, y)$ から $x = X(y, z)$ と表せば (2.5) で y, z を変数にとったときの解が得られるということですね.

… 同じ曲面を違う座標系で表したということか.

… 上の曲面の説明への補足ですが, 曲面を S とするとき (2) においては

$$(F_x(x,y,z), F_y(x,y,z), F_z(x,y,z)) \ne 0, \quad (x,y,z) \in S, \tag{2.8}$$

(3) においては

$$\operatorname{rank} \begin{pmatrix} X_u & X_v \\ Y_u & Y_v \\ Z_u & Z_v \end{pmatrix} = 2 \tag{2.9}$$

を仮定する必要があります.

····· すみません．線形代数が苦手なもので．rank ってなんですか？
····· 行列 A の列（縦）ベクトルのうちの一次独立なものの個数です．列ベクトルの一次結合全体が A の像空間ですから rank は像空間の次元でもあります．今の場合には (2.9) の中のどれか一つの 2 行 2 列の小行列式が 0 でない，ということと同値になります．
····· 線形代数って代数だけじゃなくて解析にもたくさん使うんですね．
····· そうなんです．こうしていろいろなところで使っているうちに意味が分かってくると思います．さて上の (1), (2), (3) の定義の同値性ですが (1) から (2) を導くには $F(x,y,z) = z - f(x,y)$ とおくだけです．(2) から (1) を導くには例えば $F_z \neq 0$ とすれば，陰関数の定理によって $F(x,y,z) = 0$ を満たす x, y, z は $z = f(x,y)$ という形に表されることに注意すればいいです．(1) から (3) をだすには $u = x, v = y$ として $X = x, Y = y, Z = f(x,y)$ とおきましょう．(3) から (1) をだすには例えば

$$\det \begin{pmatrix} X_u & X_v \\ Y_u & Y_v \end{pmatrix} \neq 0$$

の場合には逆関数の定理によって $u = u(x,y), v = v(x,y)$ と表されますから $z = Z(u(x,y), v(x,y))$ となり z 座標が x, y の関数となることに注意すればいいです．
····· 簡単そうにおっしゃいますが，ついていくのが大変です．
····· この辺は一般的な枠組みの入り口の部分なので何度も眺めてゆっくり分かっていけばいいです．陰関数や逆関数の定理が背後で活躍していることに注意してください．

微分方程式 (2.5) にとって重要なのはその解が表す曲面です．この解曲面のことを**積分多様体**といいます．このように積分という言葉はしばしば 2 通りの意味に使われます．一つは定積分，不定積分のように $\int f(x)dx$ を表すときで，もう一つは微分方程式の解を表すときです．

····· 一般的なお話ばかりなので疲れました．なにか問題を解きたいんですが．
····· では (2.5) を解いてみましょう．2 変数の場合と同様に完全微分型の場合が

解きやすいです. ある関数 $f(x,y,z)$ が

$$f_x = a(x,y,z), \quad f_y = b(x,y,z), \quad f_z = c(x,y,z) \tag{2.10}$$

を満たすとき $a(x,y,z)dx + b(x,y,z)dy + c(x,y,z)dz = 0$ を**完全微分型**の方程式とよびます. このとき曲面 $S = \{(x,y,z); f(x,y,z) = 0\}$ は (2.5) の解を与えます.

証明は次のようにします. S 上のある点の近くで $f_z \neq 0$ となるとすると陰関数の定理によって $z = z(x,y)$ と書けます. $f(x,y,z(x,y)) = 0$ ですから両辺を x で偏微分して

$$f_x(x,y,z(x,y)) + f_z(x,y,z(x,y))z_x(x,y) = 0$$

です. これより

$$z_x = -\frac{f_x(x,y,z)}{f_z(x,y,z)} = -\frac{a(x,y,z)}{c(x,y,z)}$$

が成り立ちます. 同様に

$$z_y = -\frac{f_y(x,y,z)}{f_z(x,y,z)} = -\frac{b(x,y,z)}{c(x,y,z)}$$

も成り立ちます.

では $(y+z)dx + (z+x)dy + (x+y)dz = 0$ を解いてください.

… 多分完全微分型なんだろうな. $f_x = y+z, f_y = z+x, f_z = x+y$ を解けばいいのか.

… $f_x = y+z$ から $f = (y+z)x + g(y,z)$, これを $f_y = z+x$ に代入して.

… 私にもやらせて. $f_y = x + g_y = z+x$ だから $g_y = z$. すると $g(y,z) = yz + h(z)$.

… $f_z = x + y + h_z$ から $h_z = 0, h = C$ だから $f(x,y,z) = xy + yz + zx + C$ か. 解けた!

… それでいいのですが $xy + yz + zx = C$ が定める曲面, というのがもっとよい答え方でしょう.

例題 2.2.1 領域 $D = \{(x,y,z); x^2 + y^2 + z^2 < 1\}$ で定義された微分方程式 $adx + bdy + cdz = 0$ が完全微分型であるための必要十分条件は

$$a_y = b_x, \quad b_z = c_y, \quad c_x = a_z$$

解 $f_x = a, f_y = b, f_z = c$ を満たす f が存在すれば

$$f_{xy} = a_y = f_{yx} = b_x, \quad f_{yz} = b_z = f_{zy} = c_y, \quad f_{zx} = c_x = f_{xz} = a_z$$

が成り立つ. 逆に問題の条件が成り立つとき, $(x, y, z) \in D$ に対して

$$f(x, y, z) = \int_0^1 \bigl(a(tx, ty, tz)x + b(tx, ty, tz)y + c(tx, ty, tz)z\bigr) dt$$

とおけば

$$f_x = \int_0^1 \bigl(a(tx, ty, tz) + a_x(tx, ty, tz)tx + b_x(tx, ty, tz)ty + c_x(tx, ty, tz)tz\bigr) dt$$

であるが

$$a_x(tx, ty, tz)tx + b_x(tx, ty, tz)ty + c_x(tx, ty, tz)tz$$
$$= a_x(tx, ty, tz)tx + a_y(tx, ty, tz)ty + a_z(tx, ty, tz)tz$$
$$= t\frac{d}{dt}a(tx, ty, tz)$$

であるから

$$f_x = \int_0^1 \left(a(tx, ty, tz) + t\frac{d}{dt}a(tx, ty, tz)\right) dt$$
$$= \int_0^1 \frac{d}{dt}\bigl(ta(tx, ty, tz)\bigr) dt = a(x, y, z)$$

となる. 同様にして $f_y = b, f_z = c$ が示される. □

… 上の例題の中のような条件を**積分可能条件**といいます. 偏微分方程式系 (2.7) の積分可能条件は定理 1.5.1 でやりました.

… D が球になっているということはなにか意味があるんですか？ いままで考えている領域の形にはなにも言わなかったのに.

… じつはこの定理は D の形が大きく影響するのです. それは大変興味深い話になっていくのですが, 今の話題からは離れますのでこれ以上は触れないことにしましょう.

… 微分方程式 (2.5) が完全微分型でないときには 2 変数の場合と同様に積分

因子を考えます．すなわち (2.5) に関数 $M(x,y,z)$ をかけて積分可能条件

$$(Ma)_y = (Mb)_x, \quad (Mb)_z = (Mc)_y, \quad (Mc)_x = (Ma)_z \qquad (2.11)$$

が成り立つようにすることです．しかし 2 変数の場合と異なり積分因子は存在するとは限りません．(2.11) が成り立つとすると

$$df = Madx + Mbdy + Mcdz$$

を満たす f が存在しますから

$$\frac{f_x}{a} = \frac{f_y}{b} = \frac{f_z}{c}$$

となります．

補題 2.2.2 $f_x/a = f_y/b = f_z/c$ となるような f が存在するためには

$$a(b_z - c_y) + b(c_x - a_z) + c(a_y - b_x) = 0 \qquad (2.12)$$

が必要である．

証明 a,b,c の代わりに a_1, a_2, a_3, x,y,z の代わりに x_1, x_2, x_3, $\partial_i = \partial/\partial x_i$ と書く．$\lambda \partial_i f = a_i$ となる λ が存在するならば

$$a_i(\partial_k a_j - \partial_j a_k) = a_i \partial_k(\lambda \partial_j f) - a_i \partial_j(\lambda \partial_k f) = a_i a_j \frac{\partial_k \lambda}{\lambda} - a_i a_k \frac{\partial_j \lambda}{\lambda}$$

である．$(i,j,k) = (1,2,3), (2,3,1), (3,1,2)$ として加えればよい． □

… じつは (2.12) は積分可能の十分条件でもあるのですが証明は省略します．例題として

$$yzdx + 2zxdy - 3xydz = 0$$

を解いてみましょう．条件 (2.12) が成り立つことは直接計算して確かめられます．方程式を xyz で割れば

$$\frac{1}{x}dx + \frac{2}{y}dy - \frac{3}{z}dz = 0$$

ですが，これは完全微分型で $f = \log x + 2\log y - 3\log z$ とおけば $df = 0$ ですから，$f = C$．したがって $xy^2/z^3 = C$ が答えです．

この場合はひと目で積分因子が分かりましたが，一般には 2 つずつ考えてい

くという方法があります. 方程式を $z(ydx+2xdx)-3xydz=0$ とします. まず $ydx+2xdx$ の方の積分因子を前のようにして求めますと y であることが分かりますから, $w=xy^2$ とおけば $dw=y^2dx+2xydy$ となります. そこで方程式に y をかけると $zdw-3wdz=0$ となりますからこれを解いて $w/z^3=C$. すなわち $xy^2=Cz^3$. □

問題 2.2.3 次の方程式を解け.

(1) $y^2dx-zdy+ydz=0$ (2) $(z+x)dx+zx^2dy+(x^2y-x)dz=0$

解 (1) $w=z/y$ とおくと $-zdy+ydz=y^2dw$ だから $dx+dw=0$. これを解いて $x+z/y=C$.

(2) $w=z(y-1/x)$ とおくと $x^2dw=zdx+zx^2dy+(x^2y-x)dz$ だから $xdx+x^2dw=0$. これを解いて $\log x+z(y-1/x)=C$. □

⋯ (1) はまず $-zdy+ydz$ の積分因子を求めたのね. (2) はどうしたのかしら.
⋯ x が定数のときには $dw=zdy+(y-1/x)dz$ となることに注目したのです.
⋯ すると x も変数であることを考えると上のようになってうまくいく, ということか. これは難しいな.

2.3 接空間

⋯ ここからは n 次元 ($n\geq 2$) で考えましょう. $\mathbf{R}^n$ の点を $x=(x_1,\cdots,x_n)$ とします. $\mathbf{R}^n$ 上の関数を $f(x)$ と書いたり $f(x_1,\cdots,x_n)$ と書いたりしますが同じものです. 第2節と同様に $\mathbf{R}^n$ 内の曲面 S を表すのに3通りの方法があります.

> (1) $S=\{x\,;\,x_n=f(x_1,\cdots,x_{n-1})\}$ のように関数のグラフとして表す.

> (2) $S=\{x\,;\,f(x)=0\}$ のように実数値関数の零点として表す.

> (3) 開集合 $U\subset\mathbf{R}^{n-1}$ と U 上で定義されたベクトル値関数 $X(u)=(X_1(u),\cdots,X_n(u))$ によって, $S=\{X(u)\,;\,u\in U\}$ と表す.

もちろん (1) では $x_1 = g(x_2, \cdots, x_n)$ のように表すこともあります. また (2) では, S の各点で

$$\nabla_x f(x) = \left(\frac{\partial f(x)}{\partial x_1}, \cdots, \frac{\partial f(x)}{\partial x_n}\right) \neq 0$$

を仮定し, (3) では

$$\mathrm{rank}\left(\frac{\partial X}{\partial u_1}, \cdots, \frac{\partial X}{\partial u_{n-1}}\right) = \mathrm{rank}\begin{pmatrix} \frac{\partial X_1}{\partial u_1} & \cdots & \frac{\partial X_1}{\partial u_{n-1}} \\ \frac{\partial X_2}{\partial u_1} & \cdots & \frac{\partial X_2}{\partial u_{n-1}} \\ & \cdots & \\ \frac{\partial X_n}{\partial u_1} & \cdots & \frac{\partial X_n}{\partial u_{n-1}} \end{pmatrix} = n-1 \quad (2.13)$$

が U 上でつねに成り立つことを仮定します.

これらの3つの定義が同等であることは3次元の場合と同様にして示されます. $n=2$ のときは S は平面内の曲線です. $n \geq 4$ のときは超曲面とよばれることもあります.

… (2.13) の左辺の式はどういう意味でしょうか？ 横ベクトルみたいに見えるんですけど.

… いうのを忘れました. 多変数の関数を扱うときには $X = (X_1, \cdots, X_n)$ と書いてじつは列（縦）ベクトルのつもりであることが多いのです. 紙面の都合で行ベクトルのように書きますが, これからは $\mathbf{R}^n$ の点がでてきたらみな列ベクトルで書かれていると思ってください. 列ベクトルにする理由は次のことです. $F(x) = (F_1(x), \cdots, F_m(x))$ という n 変数 $x = (x_1, \cdots, x_n)$ に依存する $\mathbf{R}^m$ に値をとるベクトル値関数があるとしましょう. $F(x)$ も x も縦ベクトルです.

$$F'(x) = \begin{pmatrix} \frac{\partial F_1}{\partial x_1} & \frac{\partial F_1}{\partial x_2} & \cdots & \frac{\partial F_1}{\partial x_n} \\ \frac{\partial F_2}{\partial x_1} & \frac{\partial F_2}{\partial x_2} & \cdots & \frac{\partial F_2}{\partial x_n} \\ \vdots & \vdots & \cdots & \vdots \\ \frac{\partial F_m}{\partial x_1} & \frac{\partial F_m}{\partial x_2} & \cdots & \frac{\partial F_m}{\partial x_n} \end{pmatrix}$$

とおくとテーラー展開の式は

$$F(x) = F(x^{(0)}) + F'(x^{(0)})(x - x^{(0)}) + O(|x - x^{(0)}|^2) \quad (2.14)$$

となって 1 変数のときと同じ形です.

さて $x(t) = (x_1(t), \cdots, x_n(t))$ が $\mathbf{R}^n$ 内の曲線であるとき

$$\frac{d}{dt}x(t) = \left(\frac{d}{dt}x_1(t), \cdots, \frac{d}{dt}x_n(t)\right)$$

はその曲線の接ベクトルです.したがってこの曲線がつねに曲面 S の中にあるときには $\frac{d}{dt}x(t)$ は点 $x(t) \in S$ における S の接ベクトル(ただし原点を始点にしている)を表しています.S の点 p における接ベクトルの全体を $T_p(S)$ と書き,S の p における**接空間** (tangent space) とよびます.注意ですが,この定義では $T_p(S)$ は $\mathbf{R}^n$ 内の原点を通る $n-1$ 次元ベクトル部分空間として表されています.幾何学的にはこれを平行移動して p を通る $n-1$ 次元空間として説明されることも多いのです.どちらを意味しているかはそのたびに確認しておく必要があります.

曲面 S の点 $p \in S$ における**法ベクトル** (normal vector) とは $\mathbf{R}^n$ のベクトルであって,$T_p(S)$ のすべてのベクトルに直交するものです.ただしこの場合,法ベクトルも接ベクトルも 0 を始点として考えています.幾何学的にはもちろん p を始点とするように平行移動して考えます.

補題 2.3.1 $S \ni p = x^{(0)}$ における S の接空間は,p を通るように平行移動すれば,次のように表される.

(1) $S = \{x \,;\, x_n = f(x_1, \cdots, x_{n-1})\}$ と表示されるときは

$$T_p(S) = \left\{x \in \mathbf{R}^n \,;\, x_n = x_n^{(0)} + \sum_{i=1}^{n-1} \frac{\partial f}{\partial x_i}(x_1^{(0)}, \cdots, x_{n-1}^{(0)})(x_i - x_i^{(0)})\right\}.$$

(2) $S = \{x \,;\, f(x) = 0\}$ と表されるときは

$$T_p(S) = \left\{x \in \mathbf{R}^n \,;\, \sum_{i=1}^{n} \frac{\partial f}{\partial x_i}(x^{(0)})(x_i - x_i^{(0)}) = 0\right\}.$$

また p における S の法ベクトルは,原点を始点にとれば

$$\nabla f(x^{(0)}) = \left(\frac{\partial f}{\partial x_1}(x^{(0)}), \cdots, \frac{\partial f}{\partial x_n}(x^{(0)})\right).$$

(3) $S = \{X(u) \,;\, u \in U\}$ のように $u = (u_1, \cdots, u_{n-1}) \in U \subset \mathbf{R}^{n-1}$ によってパラメータ表示されるときは $p = X(u^{(0)})$ として

$$T_p(S) = \left\{ p + \sum_{i=1}^{n-1} c_i \frac{\partial X}{\partial u_i}(u^{(0)}) \,;\, (c_1, \cdots, c_{n-1}) \in \mathbf{R}^{n-1} \right\}.$$

証明 まず (3) を示す. u の i 成分 u_i のみを動かして曲線

$$u_i \to X(u_1^{(0)}, \cdots, u_i, \cdots, u_{n-1}^{(0)})$$

を考えればこれは S 内の曲線であるから, $\frac{\partial X}{\partial u_i}(u^{(0)})$ は p における S の接ベクトルである. これら $n-1$ 個の縦ベクトルを横に並べてできる行列のランクが $n-1$ であるから, これらのベクトルは一次独立である. p を通る S 上の曲線 $c(t)$ は $u^{(0)}$ を通る U 内の曲線 $u(t) = (u_1(t), \cdots, u_{n-1}(t))$, $u(0) = u^{(0)}$, によって $c(t) = X(u(t))$ と表される. これより

$$\frac{dc}{dt}(0) = \sum_{i=1}^{n-1} \frac{du_i}{dt}(0) \frac{\partial X}{\partial u_i}(u^{(0)})$$

となるから $\frac{\partial X}{\partial u_i}(u^{(0)}), 1 \le i \le n-1$, は $T_p(S)$ の基底となっている. このことから (3) が成り立つ.

(2) を示す. 陰関数の定理によって p の近くでは $f(x) = 0$ は $x_n = g(x_1, \cdots, x_{n-1})$ と表されているとしてよい. このとき $u = (x_1, \cdots, x_{n-1})$, $X_i(u) = x_i, 1 \le i \le n-1, X_n(u) = g(u)$ が S のパラメータ表示になるから $T_p(S)$ の基底は $y^{(0)} = (x_1^{(0)}, \cdots, x_{n-1}^{(0)})$ として

$$\left(1, 0, \cdots, 0, \frac{\partial g}{\partial x_1}(y^{(0)})\right), \cdots, \left(0, \cdots, 0, 1, \frac{\partial g}{\partial x_{n-1}}(y^{(0)})\right)$$

で与えられる. $f(x_1, \cdots, x_{n-1}, g) = 0$ を $x_i, 1 \le i \le n-1$, で微分すれば

$$\frac{\partial f}{\partial x_i}(x^{(0)}) + \frac{\partial f}{\partial x_n}(x^{(0)}) \frac{\partial g}{\partial x_i}(y^{(0)}) = 0$$

であるから $\nabla f(x^{(0)})$ は $T_p(S)$ の基底すべてに直交し, S の法ベクトルである. $x \in \mathbf{R}^n$ が $T_p(S)$ に属することは $x - x^{(0)}$ が p における S の法ベクトルに直交することだから (2) が得られる.

(2) で $f(x)$ の代わりに $x_n - f(x_1, \cdots, x_{n-1})$ とすれば (1) が得られる. □

$\cdots$ (2.14) と比べると (1), (2), (3) みなテーラー展開の式みたいね.
$\cdots$ それでいいんです. テーラー展開の第 1 項をとっています.

⋯ 幾何の説明が長くて大変だな. いつになったら微分方程式が始まるんだろう.
⋯ これで準備は済みました. これくらいのことは幾何というよりも多変数の微積分学の基礎として慣れておいた方がいいです. 上の証明の中で

> 曲面 S を $\{X(u)\,;\,u \in U\}$ とパラメータ表示したとき, $X(u^{(0)}) = p$ に対して $\dfrac{\partial X}{\partial u_i}(u^{(0)}), 1 \leq i \leq n-1$, は $T_p(S)$ の基底となっている

というところは覚えておいた方がいいです.

2.4 第一積分

⋯ これからしばらくの間, 1 階線形偏微分方程式

$$a_1(x)\frac{\partial u}{\partial x_1} + \cdots + a_n(x)\frac{\partial u}{\partial x_n} = 0 \qquad (2.15)$$

を考えます. まず次のことに注意しましょう. $u_1(x), \cdots, u_m(x)$ が偏微分方程式 (2.15) の解であるとき, 任意に m 変数の関数 $\phi(u_1, \cdots, u_m)$ をとり $\Phi(x) = \phi(u_1(x), \cdots, u_m(x))$ とおくとこれも解になります. なぜか分かりますか?
⋯ 計算してみます.

$$\sum_{i=1}^n a_i(x)\frac{\partial \Phi(x)}{\partial x_i} = \sum_{j=1}^m (\frac{\partial \phi}{\partial u_j})(u(x)) \sum_{i=1}^n a_i(x)\frac{\partial u_j(x)}{\partial x_i} = 0 \qquad (2.16)$$

だから成り立ってます.
⋯ ではここで問題です. (2.15) の解は何個存在するでしょう?
⋯ 何個といわれても一つ解があれば定数倍はみな解だから無限個じゃないんですか?
⋯ そうですね. 個数という意味をはっきりさせる必要があります. m 個の関数 $u_1(x), \cdots, u_m(x)$ が**独立**であるとは $\nabla u_1(x), \cdots, \nabla u_m(x)$ が x を固定するごとに $\mathbf{R}^n$ のベクトルとして一次独立であることとします. これは

$$\mathrm{rank}\,(\nabla u_1, \cdots, \nabla u_m) = m$$

を意味します. 解の個数というのは独立な解の最大の個数ということにしま

しょう.

… 解の空間の次元のことですか？

… 今の場合は線形方程式なので解空間の次元とは解のなすベクトル空間の次元のことを思ってしまうんですが, 上にいう解の個数はそれとは違います. 関数の独立性というのは, いわゆる関数関係があるかどうかということに関連しています. たとえば 2 変数の関数 $f(x,y), g(x,y)$ がすべての x,y に対して

$$\det \begin{pmatrix} f_x & g_x \\ f_y & g_y \end{pmatrix} = 0$$

を満たしていれば 0 でない関数 $F(x,y)$ が存在して $F(f(x,y), g(x,y)) = 0$ となることが分かります. このようなときに $f(x,y), g(x,y)$ は関数関係がある, といいます. ここでいう独立とはこのような関数関係がないことをいいたいのです. 今日のところは上の定義だけをそのまま受け取ってください. 次の問題を解いてみてください.

問題 2.4.1 2 変数の関数 $f(x,y), g(x,y)$ が独立なら $F(f(x,y), g(x,y)) = 0$ を満たす関数 $F(x,y)$ は 0 であることを示せ.

… なにをしたらいいのかな. とにかく微分してみるか.

$$F_x f_x + F_y g_x = 0, \quad F_x f_y + F_y g_y = 0$$

となるな.

… 行列で書くと

$$\begin{pmatrix} f_x & g_x \\ f_y & g_y \end{pmatrix} \begin{pmatrix} F_x \\ F_y \end{pmatrix} = \begin{pmatrix} 0 \\ 0 \end{pmatrix}.$$

… 独立だからこの行列式は 0 でないわ. だから $F_x = F_y = 0$ よ.

… すると $F(x,y)$ は定数か. すると 0 しかないな. なるほどな.

… さてもとの話にもどりますと, $\mathbf{R}^n$ の中の一次独立なベクトルの個数は n 以下ですから $m \leq n$ です. ところが $m = n$ はありえません. もしそうなら

$$\det\begin{pmatrix} \frac{\partial u_1}{\partial x_1} & \cdots & \frac{\partial u_n}{\partial x_1} \\ \vdots & \cdots & \vdots \\ \frac{\partial u_1}{\partial x_n} & \cdots & \frac{\partial u_n}{\partial x_n} \end{pmatrix} \neq 0 \tag{2.17}$$

ですから, $x_1, \cdots, x_n$ の代わりに $u_1(x), \cdots, u_n(x)$ を変数にとることができます. そこで任意の関数 $\phi(u_1, \cdots, u_n)$ をとって $\Phi(x) = \phi(u_1(x), \cdots, u_n(x))$ とおくと (2.16) の計算から, $\Phi(x)$ は (2.15) の解です. これは任意の関数が (2.15) の解となることを意味しますので矛盾です.

… すみません. 最後の部分がよく分からなかったんですが.

… 関数 $v(x)$ を任意にとって $\phi(u) = v(x(u))$ とおくと, $\Phi(x) = \phi(u(x)) = v(x(u(x))) = v(x)$ となりますから $v(x)$ は解になっているでしょう.

… そこはいいんですが, 任意の関数が解になるから矛盾だというところがいまひとつ納得できなくて. よさそうなんですけど.

… あ, そうですね. こういうところを曖昧にしないのはいいことです. (2.15) のすべての係数 $a_i(x)$ が恒等的に 0 の場合は最初から考慮しないことにしましょう. するとベクトル $A(x) = (a_1(x), \cdots, a_n(x))$ はある点 $x^{(0)}$ で 0 ではありません. そこで関数 $u(x)$ を $\nabla u(x^{(0)})$ が $A(x^{(0)})$ に直交しないように作れば (2.15) は成り立ちません. たとえば $u(x) = x \cdot A(x^{(0)})$ ととればいいです.

… とにかく (2.15) の独立な解は最大限で $n-1$ 個しかないんですね.

… そうです. そこで $n-1$ 個の独立な解があったらどうなるかを考えるのが次の目的です. 偏微分方程式 (2.15) の解を探すために次の常微分方程式系を考えます.

$$\frac{dx_1}{a_1(x)} = \cdots = \frac{dx_n}{a_n(x)} \tag{2.18}$$

… 積分因子のときにこんな常微分方程式がでてきたわ.

… そうです. あのときの話を詳しくしようとしています. (2.18) の解曲線を (2.15) の**特性曲線**といいます. (2.15) と (2.18) の関係を考えましょう. $A(x) = (a_1(x), \ldots, a_n(x))$ とおけば, (2.15) は $A(x) \perp \nabla u(x)$ を意味します. 曲面 $S = \{u(x) = c\}$ の法ベクトルと $A(x)$ が直交していますから, $A(x)$ は S に接しています. したがって偏微分方程式 (2.15) はベクトル場 $A(x)$ が曲面 S に接する

ことを表し，常微分方程式 (2.18) は $A(x)$ が曲線 $x(t)$ に接していることを表しています．次の補題はこのことを言い換えたものです．証明してみてください．

補題 2.4.2 (2.15) の解 $u(x)$ は特性曲線にそって定数である．すなわち (2.18) の解を $x(t)$ とすれば $\frac{d}{dt}u(x(t)) = 0$ が成り立つ．

⋯ えーと，計算すればいいのかな．

$$\frac{d}{dt}u(x(t)) = \sum_{i=1}^{n} \frac{\partial u}{\partial x_i}(x(t))\frac{dx_i(t)}{dt} = \sum_{i=1}^{n} a_i(x(t))\frac{\partial u}{\partial x_i}(x(t)) = 0.$$

だから OK だ．

⋯ ある関数 $f(x)$ が特性曲線に沿って定数であるとき，すなわち (2.18) の任意の解 $x(t)$ に対して $f(x(t))$ が t によらないという性質をもつとき，この $f(x)$ を (2.18) の**第一積分** (first integral) あるいは積分といいます．補題 2.4.2 から偏微分方程式 (2.15) の解は常微分方程式系 (2.18) の第一積分であることが分かります．じつはこのことの逆も成り立ちます．

$f(x)$ を常微分方程式系 (2.18) の第一積分としますと，(2.18) の任意の解 $x(t)$ に対して

$$0 = \frac{d}{dt}f(x(t)) = \nabla f(x(t)) \cdot \frac{dx(t)}{dt} = \sum_{i=1}^{n} a_i(x(t))(\frac{\partial f}{\partial x_i})(x(t))$$

です．$t = 0$ とおいて $x(0)$ をいろいろ動かせば $f(x)$ は偏微分方程式 (2.15) を満たすことが分かります．

⋯ そうか，(2.18) の解を束のようにたくさん考えることに意味があるのか！

⋯ 多少曖昧ですが次の主張が成り立ちます．

> **定理 2.4.3** 常微分方程式 (2.18) の $n-1$ 個の独立な第一積分 $f_1(x), \cdots, f_{n-1}(x)$ があれば，偏微分方程式 (2.15) の任意の解はある関数 $\phi(u_1, \cdots, u_{n-1})$ を用いて $\phi(f_1(x), \cdots, f_{n-1}(x))$ という形で表される．

⋯ 多少曖昧ってどういうこと？

⋯ じつは大部分の解は上のように表現できるのですが，いくつか例外的な場合があります．そこは省略しましょう．

… 本当はもっと条件を補わないといけないんだろうな.

… 定理 2.4.3 の証明は次節にまわして今日は偏微分方程式の解を用いて常微分方程式の解を表すことを考えましょう. $f(x)$ が (2.18) の第一積分であるとし, 定数 E に対して $M_E = \{x\,;\,f(x) = E\}$ という曲面を考えます. $x^{(0)} \in M_E$ であるとき (2.18) の解で $x^{(0)}$ を通るものはつねに M_E の中にあります. 3 次元空間の中で 2 つの曲面の交線は一般に曲線を表すでしょう. 同様に $\mathbf{R}^n$ の中で $n-1$ 個の曲面の共通部分は曲線を表すでしょう.

… なぜかな?

… $n-1$ 個の曲面の共通部分は $g_1(x_1, \cdots, x_n) = \cdots = g_{n-1}(x_1, \cdots, x_n) = 0$ という連立方程式の解です. 未知数が n 個で条件が $n-1$ 個ですから一つの未知数, 例えば x_n を定めれば残りの未知数 $x_1, \cdots, x_{n-1}$ は x_n で表すことができます. これは $(x_1(t), \cdots, x_{n-1}(t), t)$ という曲線ができたことになるでしょう.

… ははーん, 陰関数の定理を使うようだな.

… そうです. このことから常微分方程式系 (2.18) の解を $n-1$ 個の第一積分で表すことが考えられます.

$n-1$ 個の関数 $f_1(x), \cdots, f_{n-1}(x)$ が独立であるとき任意にとったある点 $x^{(0)}$ の近くでは, 例えば

$$\det \begin{pmatrix} \frac{\partial f_1}{\partial x_1} & \cdots & \frac{\partial f_{n-1}}{\partial x_1} \\ \vdots & \cdots & \vdots \\ \frac{\partial f_1}{\partial x_{n-1}} & \cdots & \frac{\partial f_{n-1}}{\partial x_{n-1}} \end{pmatrix} \neq 0 \tag{2.19}$$

と仮定することができます. $f_i(x^{(0)}) = E_i$ とおくと, 陰関数の定理によって $x^{(0)}$ の近くで $f_i(x) = E_i$, $1 \leq i \leq n-1$, を満たす x は $x_1 = x_1(x_n), \cdots, x_{n-1} = x_{n-1}(x_n)$, という x_n のみの関数の形に書けます. これは一つの曲線です. (2.18) はこの曲線を表す微分方程式であることを示しましょう. $f_i(x)$ は第一積分ですから $A(x) = (a_1(x), \cdots, a_n(x))$ とおくと $A(x) \perp \nabla f_i(x)$, $i = 1, \cdots, n-1$, です. 一方 $x_n = s$ とおくと

$$f_i(x_1(s), \cdots, x_{n-1}(s), s) = E_i$$

ですから s で微分すると

$$\frac{\partial f_i}{\partial x_1}\frac{dx_1}{ds} + \cdots + \frac{\partial f_i}{\partial x_{n-1}}\frac{dx_{n-1}}{ds} + \frac{\partial f_i}{\partial x_n} = 0 \qquad (2.20)$$

です. $v(s) = (\frac{dx_1}{ds}, \cdots, \frac{dx_{n-1}}{ds}, 1)$ は曲線 $(x_1(s), \cdots, x_{n-1}(s), s)$ の接ベクトルで, (2.20) は $\nabla f_i \perp v(s)$, $i = 1, \cdots, n-1$, を意味しますから $v(s)$ と $A(x)$ は平行です. すなわち $x(s) = (x_1(s), \cdots, x_{n-1}(s), s)$ とおくと, ある関数 $b(s)$ が存在し $\frac{dx(s)}{ds} = b(s)A(x(s))$ です. そこで微分方程式 $\frac{dt}{ds} = b(s)$ を解いて s から t にパラメータを変えると $\frac{dx}{dt} = A(x)$ となります.

これから次のことが分かります.

定理 2.4.4 偏微分方程式 (2.15) の $n-1$ 個の独立な解を求めれば常微分方程式系 (2.18) は解ける.

定理 2.4.3, 2.4.4 が 1 階偏微分方程式と常微分方程式との関係です. (2.18) には常微分方程式に対する技巧が使えますから, 特性曲線は 1 階偏微分方程式を解くための有効な補助手段となります.

例題 2.4.5 $x(y-z)\dfrac{\partial u}{\partial x} + y(z-x)\dfrac{\partial u}{\partial y} + z(x-y)\dfrac{\partial u}{\partial z} = 0$ を解け.

解 特性曲線

$$\frac{dx}{dt} = x(y-z), \quad \frac{dy}{dt} = y(z-x), \quad \frac{dz}{dt} = z(x-y)$$

を考えれば

$$\frac{d}{dt}(x+y+z) = 0, \quad \frac{d}{dt}(\log x + \log y + \log z) = 0$$

となるから $x+y+z$, $\log(xyz)$ は第一積分. 定理 2.4.3 によって, $\phi(u,v)$ を任意の関数として $\psi(x+y+z, xyz)$ が一般解である. □

問題 2.4.6 次の方程式を解け.

(1) $x\dfrac{\partial u}{\partial x} + y\dfrac{\partial u}{\partial y} + z\dfrac{\partial u}{\partial z} = 0$

(2) $(y^2-z^2)\dfrac{\partial u}{\partial x} + (z^2-x^2)\dfrac{\partial u}{\partial y} + (x^2-y^2)\dfrac{\partial u}{\partial z} = 0$

解 (1) $dx/x = dy/y$ より $y/x = C$, $dx/x = dz/z$ より $z/x = C'$ であるから

$y/x, z/x$ が第一積分. よって $\phi(y/x, z/x)$ が一般解.

(2) $d(x+y+z)/dt = 0, d(x^3+y^3+z^3)/dt = 0$ であるから $x+y+z, x^3+y^3+z^3$ が第一積分. よって $\phi(x+y+z, x^3+y^3+z^3)$ が一般解.

2.5 線形初期値問題

… さて $\mathbf{R}^n$ の中に超曲面 S を考え, 微分方程式

$$\sum_{i=1}^{n} a_i(x) \frac{\partial u}{\partial x_i} = f(x), \tag{2.21}$$

を S の近くで満たし, S 上での条件

$$u(x) = \varphi(x), \quad x \in S \tag{2.22}$$

を満たす $u(x)$ を求めることを考えましょう. ここで $a_i(x), f(x), \varphi(x)$ は与えられた関数です. (2.22) を微分方程式 (2.21) の初期条件といいます

… (2.15) と少し違うな. 右辺に $f(x)$ が付いてるし, 初期条件を与えることも違うし.

… 典型的な例として次の問題を考えてみましょう.

例題 2.5.1 $S = \left\{(x,y); \dfrac{x^2}{a^2} + \dfrac{y^2}{b^2} = 1\right\}$ を $\mathbf{R}^2$ の楕円とするとき

$$\begin{cases} x\dfrac{\partial u}{\partial x} + y\dfrac{\partial u}{\partial y} = f(x,y), \\ u = \varphi(x,y), \quad (x,y) \in S \end{cases}$$

を解け.

解 極座標 $x = ar\cos\theta, y = br\sin\theta$ に移れば方程式は

$$\begin{cases} r\dfrac{\partial u}{\partial r} = f(ar\cos\theta, br\sin\theta), \\ u(a\cos\theta, b\sin\theta) = \varphi(a\cos\theta, b\sin\theta) \end{cases}$$

となるから, これを解いて

$$u(ar\cos\theta, br\sin\theta) = \int_1^r \frac{1}{t} f(at\cos\theta, bt\sin\theta)dt + \varphi(a\cos\theta, b\sin\theta). \quad \square$$

この例題を念頭におきながら以下の一般的方法：適当な変数変換によって与えられた 1 階偏微分方程式を常微分方程式に変える, を見てください.
　まず曲面 S をパラメータで表示します. すなわち

$$S = \{Y(t_1,\cdots,t_{n-1})\,;\,(t_1,\cdots,t_{n-1}) \in U\}$$

となるとしましょう. ここで U は $\mathbf{R}^{n-1}$ の開集合で

$$\mathrm{rank}\begin{pmatrix} \frac{\partial Y_1}{\partial t_1} & \cdots & \frac{\partial Y_1}{\partial t_{n-1}} \\ \vdots & \cdots & \vdots \\ \frac{\partial Y_n}{\partial t_1} & \cdots & \frac{\partial Y_n}{\partial t_{n-1}} \end{pmatrix} = n-1 \tag{2.23}$$

が成り立っています. $A(x) = (a_1(x),\cdots,a_n(x))$ とおき

$$A(x) \notin T_x(S), \quad x \in S \tag{2.24}$$

を仮定します. $T_x(S)$ は S の x での接空間です. 常微分方程式

$$\begin{cases} \dfrac{dx}{dt} = A(x), \\ x(0) = Y(t_1,\cdots,t_{n-1}) \end{cases} \tag{2.25}$$

の解を $x(t_1,\cdots,t_{n-1},t)$ とし写像

$$(t_1,\cdots,t_{n-1},t_n) \to x(t_1,\cdots,t_{n-1},t_n) \tag{2.26}$$

を考えます. 条件 (2.24) によって $A(x)$ は曲面 S に接していませんから $t_n = 0$ において

$$\det\begin{pmatrix} \frac{\partial r_1}{\partial t_1} & \cdots & \frac{\partial r_1}{\partial t_n} \\ \vdots & \cdots & \cdots \\ \frac{\partial x_n}{\partial t_1} & \cdots & \frac{\partial x_n}{\partial t_n} \end{pmatrix} = \det\begin{pmatrix} \frac{\partial Y_1}{\partial t_1} & \cdots & \frac{\partial Y_1}{\partial t_{n-1}} & a_1(x) \\ \vdots & \cdots & \vdots & \vdots \\ \frac{\partial Y_n}{\partial t_1} & \cdots & \frac{\partial Y_n}{\partial t_{n-1}} & a_n(x) \end{pmatrix} \neq 0 \tag{2.27}$$

が成り立ちます.
　… ここがよく分からないんですが.
　… 第 3 節を思い出しましょう. (2.27) の右辺の行列の第 i 列 $(1 \leq i \leq n-1)$

は S 内の曲線 $t_i \to Y(t_1, \cdots, t_{n-1})$ を t_i で微分したものですから, S の接ベクトルです. これらは接空間 S の基底になっていて $T_x(S)$ は $n-1$ 次元です. ところが (2.24) によって $A(x)$ はこの部分空間に属していませんから (2.27) の右辺の行列の中の n 個の列ベクトルは一次独立です. だから行列式は 0 にならないんです.

… 第 1 章の 図 1.8-1 はこういうことを言っていたんですね.
… そうです. あの図をよく見てください. したがって逆関数の定理によって写像 (2.26) の逆写像 $t_1(x), \cdots, t_n(x)$ が存在します. このとき

$$\frac{\partial}{\partial t_n} = \sum_{i=1}^n \frac{\partial x_i}{\partial t_n}\frac{\partial}{\partial x_i} = \sum_{i=1}^n a_i(x)\frac{\partial}{\partial x_i}$$

となりますから偏微分方程式 (2.21), (2.22) は

$$\frac{\partial u}{\partial t_n} = f(x(t', t_n)), \quad u(0) = \varphi(Y(t'))$$

($t' = (t_1, \cdots, t_{n-1})$) となります. これは一意的に解けて

$$u(x(t', t_n)) = \varphi(Y(t')) + \int_0^{t_n} f(x(t', s))ds \qquad (2.28)$$

となります. 右辺を x の関数に戻せば偏微分方程式 (2.21), (2.22) の解 $u(x)$ が得られます.

注意ですが, 逆関数定理は t_n が 0 に近い範囲でしか成り立ちません. したがって解は一般には初期曲面 S の近くでしか存在しません. 以上のことをまとめておきましょう.

定理 2.5.2 仮定 (2.24) の下で初期値問題 (2.21), (2.22) の解は S の近くで一意的に存在し (2.28) で与えられる.

特に $f(x) = 0$ のときには $u(x(t_1, \cdots, t_{n-1}, t_n)) = \varphi(x(t_1, \cdots, t_{n-1}, 0))$, すなわち解は特性曲線 $x(t_1, \cdots, t_{n-1}, t)$ に沿って定数です.

… そうすると第一積分はこうして作ることができるんですね.
… 第一積分が最大限 $n-1$ 個というのもこういうことに関係あるんですか?
… そうなんです. $n-1$ は曲面 S の次元なんです. 次の証明を注意して見てください.

定理 2.4.3 を示しましょう. ただし仮定

$$a(x) = (a_1(x), \cdots, a_n(x)) \neq 0 \tag{2.29}$$

を設ける必要があります. (2.18) の独立な第一積分 $f_1(x), \cdots, f_{n-1}(x)$ が存在するとしましょう. 独立とは $\mathbf{R}^n$ のベクトルとして $\nabla f_1, \cdots, \nabla f_{n-1}$ が一次独立ということでした. これは $\nabla f_1, \cdots, \nabla f_{n-1}$ を（縦ベクトルとして）並べてできる行列のランクが $n-1$ であることを意味しますから, 例えば

$$\det \begin{pmatrix} \dfrac{\partial f_1}{\partial x_1} & \cdots & \dfrac{\partial f_{n-1}}{\partial x_1} \\ \cdots & \cdots & \cdots \\ \cdots & \cdots & \cdots \\ \dfrac{\partial f_1}{\partial x_{n-1}} & \cdots & \dfrac{\partial f_{n-1}}{\partial x_{n-1}} \end{pmatrix} \neq 0 \tag{2.30}$$

と仮定することができます. このとき $a_n(x) \neq 0$ です. 実際, もし $a_n(x) = 0$ なら

$$a_1(x)\frac{\partial f_i}{\partial x_1} + \cdots + a_{n-1}(x)\frac{\partial f_i}{\partial x_{n-1}} = 0$$

が $i = 1, \cdots, n-1$ に対して成り立ちますが (2.30) によって $a_1(x) = \cdots = a_{n-1}(x) = 0$ となり, (2.29) に反するからです. また

$$y_i = f_i(x) \quad (i = 1, \cdots, n-1), \quad y_n = x_n$$

とおけば (2.30) によって写像 $x \to y$ のヤコビアンは 0 になりません. よって逆関数の定理によって $x = x(y)$ となります. このとき

$$\frac{\partial}{\partial x_i} = \begin{cases} \sum\limits_{i=1}^{n-1} b_{ij}(y)\dfrac{\partial}{\partial y_i}, & 1 \leq i \leq n-1 \\ \sum\limits_{j=1}^{n-1} b_{nj}(y)\dfrac{\partial}{\partial y_i} + \dfrac{\partial}{\partial y_n}, & i = n \end{cases}$$

という形になりますから

$$a_1(x)\frac{\partial}{\partial x_1} + \cdots + a_n(x)\frac{\partial}{\partial x_n} = \sum_{j=1}^{n-1} c_j(y)\frac{\partial}{\partial y_j} + a_n(x(y))\frac{\partial}{\partial y_n}$$

となり, 変数を y にしたときでも条件 (2.24) は満たされています. さて変数を

y に変えて点 $y^{(0)} = (y_1^{(0)}, \cdots, y_n^{(0)})$ の近くでは元の偏微分方程式は

$$\sum_{j=1}^{n-1} c_j(y)\frac{\partial u}{\partial y_j} + a_n(x(y))\frac{\partial u}{\partial y_n} = 0$$

となります. $y^{(0)}$ の近くで解 u が存在するとしましょう. $S = \{y_n = y_n^{(0)}\}$ とおき u の S 上での値を $\varphi(y_1, \cdots, y_{n-1})$ とおけば, 解の公式 (2.28) より $y^{(0)}$ の近くにおいて u は $\varphi(y_1, \cdots, y_{n-1}) = \varphi(f_1(x), \cdots, f_{n-1}(x))$ で与えられます.
… 証明が長くて頭に入らないんですが, どこに注意したらいいんでしょうか?
… $n-1$ 個の独立な積分 $f_1, \cdots, f_{n-1}$ があったときもう 1 個関数 f_n を補って変数変換 $(x_1, \cdots, x_n) \to (f_1, \cdots, f_n)$ を考える, というのがアイディアです. $f_n = 0$ が定める曲面 S から出発する初期値問題の解と思えば, 解 u はじつは初期値のまま変化していないのです.

例題 2.5.3 a, b, c は定数で $a^2 + b^2 + c^2 = 1$ を満たすものとするとき方程式 $af_x + bf_y + cf_z = 0$ を解け.

解 $e_3 = (a, b, c)$ とし, $e_1 = (e_{11}, e_{12}, e_{13}), e_2 = (e_{21}, e_{22}, e_{23})$ を e_1, e_2, e_3 が正規直交系でかつ右手系になるようにとる. e_1, e_2, e_3 を縦ベクトルに書いて行列 $A = (e_1, e_2, e_3)$ を考えればこれは直交行列であるから $A^{-1} = {}^t\!A$ である. 変数変換 $(u, v, w) = (x, y, z){}^t\!A$ をすると

$$\frac{\partial}{\partial w} = a\frac{\partial}{\partial x} + b\frac{\partial}{\partial y} + c\frac{\partial}{\partial z}$$

だから与えられた方程式の解は $f = \varphi(u, v)$ と書ける. ただし $u = e_{11}x + e_{12}y + e_{13}z, v = e_{21}x + e_{22}y + e_{23}z$ である. □

… ちょっと待って. 先に行く前にこの例題を使って上の証明を考え直してみない.
… そうだな. 第一積分を求めてみると.
… $f_1 = e_{11}x + e_{12}y + e_{13}z, f_2 = e_{21}x + e_{22}y + e_{23}z$ とおくと $\nabla f_1 = e_1, \nabla f_2 = e_2$ だからこの偏微分方程式を満たしているでしょう. だから第一積分よ.
… そうか. そこで $u = f_1, v = f_2, w$ をこのようにとると偏微分方程式は $\partial f/\partial w = 0$ となって解は第一積分 u, v だけの関数になるのか.

問題 2.5.4 関数系 $f_1(x),\cdots,f_m(x)$ が独立という性質は変数変換によって不変であることを示せ．

解 $x \to y$ という変数変換により $g_i(y) = f_i(x(y))$ とおく．$\sum_{i=1}^{m} c_i \nabla_y g_i(y) = 0$ とすれば j を固定するごとに

$$\sum_k \left(\sum_i c_i \frac{\partial f_i}{\partial x_k} \right) \frac{\partial x_k}{\partial y_j} = 0$$

である．これを連立方程式とみて行列 $(\partial x_i/\partial y_j)$ をかければ $\sum_i c_i \nabla_x f_i = 0$ が得られる．$f_1,\cdots,f_m$ は独立だから $c_1 = \cdots = c_m = 0$ である． □

⋯ 独立という意味が少しは呑み込めてきたかな．

⋯ 変数変換をして与えられた偏微分方程式を見やすくするということが基本的なアイディアなんだろうな．

2.6 準線形方程式

⋯ 特性曲線の考え方は非線形の方程式にも通用します．その中で**準線形方程式** (quasi-linear equation) とよばれる次のようなものを考えましょう．

$$\sum_{i=1}^{n} a_i(x,u) \frac{\partial u}{\partial x_i} = f(x,u) \tag{2.31}$$

⋯ 係数 a_i や右辺の f の中に u があるな．

⋯ 微分の項 $\partial u/\partial x_i$ に関しては一次式です．線形に近いものなので準線形といっていますが，その取扱いは前節とほとんど同じです．初期値問題を考えます．$\mathbf{R}^n$ の中に $n-1$ 次元曲面 S と S 上の関数 $\varphi(x)$ を与え，S の近くで方程式 (2.31) を満たし，S 上で

$$u = \varphi(x), \quad x \in S \tag{2.32}$$

となる関数 $u(x)$ を求めましょう．前節と同様に S をパラメータ $(t_1,\cdots,t_{n-1})$ で表示し，$a(x,u) = (a_1(x,u),\cdots,a_n(x,u))$ として常微分方程式系

$$\begin{cases} \dfrac{dx}{dt} = a(x,u), \quad \dfrac{du}{dt} = f(x,u), \\ x|_{t=0} = Y(t_1,\cdots,t_{n-1}), \quad u|_{t=0} = \varphi(Y(t_1,\cdots,t_{n-1})) \end{cases} \tag{2.33}$$

の解 $x(t_1,\cdots,t_{n-1},t), u(t_1,\cdots,t_{n-1},t)$ を考えます. (2.33) を準線形方程式 (2.31) の特性方程式といいます. 前節と同様に初期値において $a(x,u)$ は S に接していないことを仮定します.

$$a(x,\varphi(x)) \notin T_x(S), \quad x \in S,$$

という仮定です. $\epsilon > 0$ を小さくとれば $|t_n| < \epsilon$ のとき写像 $(t_1,\cdots,t_n) \to x(t_1,\cdots,t_n)$ のヤコビアンは 0 にならず, 逆関数定理から S の近くの x は $x = x(t_1,\cdots,t_n)$ と表されます. このとき

$$\frac{\partial u}{\partial t_n} = \sum_{i=1}^{n} \frac{\partial u}{\partial x_i}\frac{\partial x_i}{\partial t_n} = \sum_{i=1}^{n} a_i(x,u)\frac{\partial u}{\partial x_i} = f(x,u) \qquad (2.34)$$

ですから u は求める解です. 一意性の証明を考えてみてください.

… (2.34) を使うのかな. あれ右辺に x があるな. さてどうしよう.

… u は x の関数だけど $x = x(t_1,\cdots,t_n)$ によって $u(x(t_1,\cdots,t_n))$ として $t_1,\cdots,t_n$ の関数と思っているのよね.

… あ, そうすると (2.34) の右辺は $f(x(t_1,\cdots,t_n),u(x(t_1,\cdots,t_n))$ か. すると u は常微分方程式

$$\begin{cases} \dfrac{d}{dt}u(t) = f(x(t_1,\cdots,t_{n-1},t),u(t)), \\ u(0) = Y(t_1,\cdots,t_{n-1}) \end{cases} \qquad (2.35)$$

の解だから一意的だ.

… タイム. $x(t_1,\cdots,t_n)$ は (2.33) を解いて作るんだから u に関係しているぞ.

… うーん, 困ったな.

… でもね, よく見ると (2.33) は初期値と a_i, f という関数だけで決まっているはずよ. そうか, 文字を変えたらいいのね. まず $t' = (t_1,\cdots,t_{n-1})$ とおきます.

$$\begin{cases} \dfrac{dy}{dt} = a(y,w), \quad \dfrac{dw}{dt} = f(y,w), \\ y\big|_{t=0} = Y(t'), \quad w\big|_{t=0} = \varphi(Y(t')) \end{cases}$$

という方程式の解 $y = y(t',t), w = w(t',t)$ を用いて $u(y(t',t))$ を考えるでしょ. すると

$$\frac{d}{dt}u(y(t',t))$$
$$=\sum_{i=1}^{n}(\frac{\partial u}{\partial x_i})(y(t',t))\frac{\partial}{\partial t}y_i(t',t)$$
$$=\sum_{i=1}^{n}a_i(y(t',t),w(t',t))(\frac{\partial u}{\partial x_i})(y(t',t))$$
$$=f(y(t',t),w(t',t))$$
$$=\frac{d}{dt}w(t',t)$$

となるのよね. $t=0$ のときには
$$u(y(t',0))=u(Y(t'))=\varphi(Y(t'))=w(t',0)$$
だから $u(y(t',t))=w(t',t)$ となるのよ.

··· $x(t',t),u(x(t',t))$ と $y(t',t),w(t',t)$ は同じ常微分方程式の解だから等しい, となって $u(x(t',t))=w(t',t)$ か. これなら納得だな.

··· 重要な例として
$$u_t+uu_x=0, \quad t, x\in \mathbf{R}^1 \tag{2.36}$$
を挙げましょう. これは流体力学におけるナビエ-ストークス (Navier-Stokes) 方程式の近似として導入された**バーガース方程式** (Burgers equation)
$$u_t+uu_x=cu_{xx}$$
において物理的定数 c を 0 としたものです. 初期値
$$u(x,0)=\varphi(x)=\begin{cases} 1, & x\le 0, \\ 1-x, & 0\le x\le 1, \\ 0, & 1\le x \end{cases}$$
を与えて (2.36) を解いてみてください.

··· 特性方程式は
$$\frac{dx}{ds}=u, \quad \frac{dt}{ds}=1, \quad \frac{du}{ds}=0$$
だから, $x(s)$ の初期値を a とすると
$$u=\varphi(a), \quad t=s, \quad x=\varphi(a)s+a$$

となるのか. $(a,0)$ から出発する特性曲線は

$$\begin{cases} t = x - a, & a \leq 0, \\ t = (x-a)/(1-a), & 0 \leq a \leq 1, \\ x = a, & 1 \leq a \end{cases}$$

となっていて絵を描くと図 2.6-1 のようになるな.

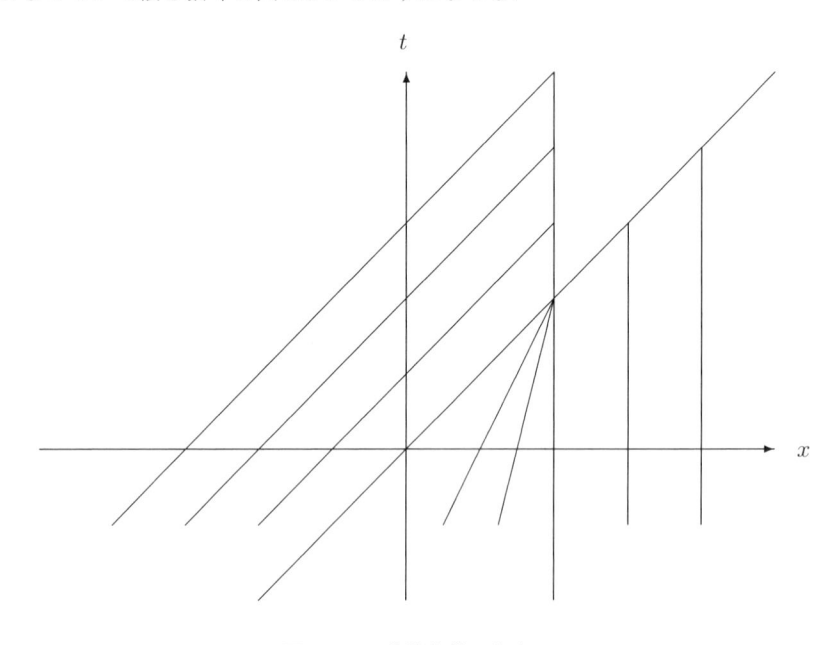

図 **2.6-1**　特性曲線の衝突

… あれ, $\{(x,t) \in \mathbf{R}^2 ; t \geq x \geq 1\}$ という領域では衝突しているな. すると特性曲線の方法で解ける範囲もこの領域以外に限られるのか.
… $t=1$ における u の値をみたらどうですか？
… $u(x,1) = 1, (x < 1), u(x,1) = 0, (x > 1)$, となるから $u(x,1)$ は $x=1$ で不連続です.

問題 2.6.1　$t \geq 0$ のとき解 $u(x,t)$ を書き表せ.

解　上の考察から a を x, t で表すと

$$a = \begin{cases} x-t, & a \leq 0 \\ \dfrac{x-t}{1-t}, & 0 \leq a \leq 1, \\ x, & a \geq 1 \end{cases}$$

となる．次の領域を考える．

$$D_1 = \{(x,t)\,;\, t \geq 0, x \leq 1, t \geq x\}$$

$$D_2 = \{(x,t)\,;\, t \geq 0, x \leq 1, t \leq x\}$$

$$D_3 = \{(x,t)\,;\, t \geq 0, x \geq 1, t \leq x\}$$

この各領域から $P=(x,t)$ をとり，それを通る特性曲線（直線）と x 軸との交点を $(a,0)$ とする．$P \in D_1$ のとき $a \leq 0$ だから $u = \varphi(a) = 1$ である．$P \in D_2$ のとき $0 \leq a \leq 1$ だから $u = 1-a = (1-x)/(1-t)$ である．$P \in D_3$ のとき $a \geq 1$ だから $u = 0$ である．

⋯ 流体力学に関係あるといわれましたけど，この解にはどんな意味があるのですか？

⋯ $u(x,t)$ が波の速さを表していると考えましょう．時刻 0 では $x \geq 1$ の部分では波が止まっていますが，$x \leq 0$ の部分では波が右に動こうとしています．時間がたつと，この波は静止している部分と衝突します．それで解が不連続になってしまうんです．この方程式をこれ以上解くには物理的な条件を考慮する必要があります．この本の主題とは離れますのでこの辺でもとに戻りましょう．

2.7 包絡面

⋯ 一般の 1 階偏微分方程式の特性曲線を考えるためには**包絡面** (envelope) の概念を知る必要があります．前に曲線族の包絡線を考えましたがそれと基本的に同じです．曲面族 $\{S_\lambda\}$ が動いてできる領域を包み込むような曲面 S を包絡面というのですが，ここで考えるのは次のような状況です．

パラメータ λ に依存する曲面族 $\{S_\lambda\}_{\lambda \in \Lambda}$ と曲面 S が与えられていて

(1) λ を固定するごとに S_λ と S はある曲線 C_λ を共有する．

(2) λ を動かしたとき C_λ が動いて S を形成する．

となっているとします．曲面 S と曲線 C_λ の両方が重要です．

　次節以降では特に λ が $n-1$ 個の成分を持ち，曲面族は $\mathbf{R}^{n+1}$ の中にある場合を考えます．このとき S_λ, S は $\mathbf{R}^{n+1}$ の中の n 次元超曲面です．まず上の状況を式に表しましょう．$\lambda = (\lambda_1, \cdots, \lambda_{n-1})$ とします．$\mathbf{R}^{n+1}$ の点を $(x, u), x = (x_1, \cdots, x_n)$ と書き，C_λ を $(x(u, \lambda), u)$ とパラメータ表示するのが好都合です．すると (2) は S が u と λ によってパラメータ表示されていることを意味しますね．(1) はどうですか？

… えーと C_λ を表示したいんだから，そうか $(x(u, \lambda), u)$ で λ を固定して u だけを動かしてできる曲線が C_λ か．

… それが S_λ 上にあるんだから S_λ が $f(x, u, \lambda) = 0$ で表されているとすると

$$f(x(u, \lambda)), u, \lambda) = 0$$

か．これからどうするのかな．

… λ_i で微分するとどうなるかしら．

$$(\nabla_x f)(x(u, \lambda), u, \lambda) \cdot \frac{\partial x(u, \lambda)}{\partial \lambda_i} + (\frac{\partial f}{\partial \lambda_i})(x(u, \lambda), \lambda) = 0$$

となって．

… あ，そうか．$(\nabla_x f(x, u, \lambda), \frac{\partial f(x, u, \lambda)}{\partial u})$ は S_λ の法線ベクトルで $(\frac{\partial x(u, \lambda)}{\partial \lambda_i}, 0)$ は $(x(u, \lambda), u)$ を微分したから S の接線ベクトルだ．だから直交するんだ．

… すると

$$(\nabla_x f)(x(u, \lambda), u, \lambda) \cdot \frac{\partial x(u, \lambda)}{\partial \lambda_i} = 0$$

だから

$$(\frac{\partial f}{\partial \lambda_i})(x(u, \lambda), \lambda) = 0$$

が成り立つのね．それなら $x(u, \lambda)$ は

$$f(x, u, \lambda) = \frac{\partial f}{\partial \lambda_1}(x, u, \lambda) = \cdots = \frac{\partial f}{\partial \lambda_{n-1}}(x, u, \lambda) = 0 \qquad (2.37)$$

とを満たしているから，これから λ を消去すれば S を表す式がでてくるわ．

… 消去するって具体的にどうするのかな？

… (2.37) は n 個の連立方程式でしょう．$\lambda_1,\cdots,\lambda_{n-1}$ は $n-1$ 個あるから，まず $n-1$ 個の方程式を使って $\lambda_1,\cdots,\lambda_{n-1}$ を求めるのよ．そうすると $\lambda_1,\cdots,\lambda_{n-1}$ は x と u の関数になるでしょ．これを最後の方程式に代入すると x と u の関係がでてくるから，これが S を表す方程式になるのよ．

… それでいいです．次節で使う例を考えましょう．$\mathbf{R}^n$ 上の関数 $g(p)$ が与えられているとし

$$g(p) = 0 \Longrightarrow \frac{\partial g}{\partial p_n} \neq 0$$

と仮定します．すると $g(p) = 0$ から $p_n = p_n(p_1,\cdots,p_{n-1})$ と表されますが，

$$\det \begin{pmatrix} \frac{\partial^2 p_n}{\partial p_1 \partial p_1} & \cdots & \frac{\partial^2 p_n}{\partial p_1 \partial p_{n-1}} \\ \vdots & \cdots & \vdots \\ \frac{\partial^2 p_n}{\partial p_{n-1} \partial p_1} & \cdots & \frac{\partial^2 p_n}{\partial p_{n-1} \partial p_{n-1}} \end{pmatrix} \neq 0 \tag{2.38}$$

も仮定します．$(x_1^{(0)},\cdots,x_n^{(0)},u^{(0)}) \in \mathbf{R}^{n+1}$ を任意に固定し

$$f(x,u,p_1,\cdots,p_{n-1}) = \sum_{i=1}^n p_i(x_i - x_i^{(0)}) - (u - u^{(0)})$$

とおきます．p を動かして得られる超平面族 $f(x,u,p_1,\cdots,p_{n-1}) = 0$ の包絡面は

$$\begin{cases} \sum_{i=1}^n p_i(x_i - x_i^{(0)}) - (u - u^{(0)}) = 0, \\ x_i - x_i^{(0)} + \frac{\partial p_n}{\partial p_i}(x_n - x_n^{(0)}) = 0, \quad 1 \leq i \leq n-1 \end{cases} \tag{2.39}$$

から p を消去したものです．これをもっと具体的に計算してみましょう．

例題 2.7.1 $\langle,\rangle$ を $\mathbf{R}^n$ の内積とし，A を $n \times n$ 正定値対称行列とすれば超平面族 $\{S_p\}$，ただし

$$S_p \;:\; u - u^{(0)} = \langle p, x - x^{(0)} \rangle, \quad \langle Ap, p \rangle = 1 \tag{2.40}$$

の包絡面 S は

$$S \;:\; u - u^{(0)} = \pm \left(\langle A^{-1}(x - x^{(0)}), x - x^{(0)} \rangle \right)^{1/2} \tag{2.41}$$

という錘面である．また $S_p \cap S$ は錘の母線であり，

$$x - x^{(0)} = \pm(u - u^{(0)})Ap \qquad (2.42)$$

で与えられる.

解 直交行列 T が存在し $T^{-1}AT$ は $\mu_1, \cdots, \mu_n > 0$ を対角成分に持つ対角行列 M になる. T は直交行列であるから $T^{-1} = {}^tT$ である. $\xi = T^{-1}p$ とおけば $\langle Ap, p \rangle = \langle M\xi, \xi \rangle = \sum_{i=1}^{n} \mu_i \xi_i^2$ である. $y = T^{-1}(x - x^{(0)})$, $y_{n+1} = u - u^{(0)}$ とおくと (2.40) より

$$\sum_{i=1}^{n} \xi_i y_i - y_{n+1} = 0, \qquad \sum_{i=1}^{n} \mu_i \xi_i^2 = 1$$

の包絡面を求めることになる. $\sum_{i=1}^{n} \mu_i \xi_i^2 = 1$ の両辺を ξ_i $(i=1, \cdots, n-1)$ で偏微分すると $\partial \xi_n / \partial \xi_i = -\mu_i \xi_i / (\mu_n \xi_n)$ であるから, $\sum_{i=1}^{n} \xi_i y_i - y_{n+1} = 0$ を ξ_i で微分して得られる式 $y_i + \frac{\partial \xi_n}{\partial \xi_i} y_n = 0$ より

$$\xi_i = c \frac{y_i}{\mu_i}, \quad c = \frac{\mu_n \xi_n}{y_n}, \quad i = 1, \cdots, n-1$$

となる. ところがこの式は $i = n$ でも成り立つから, これらを $\sum_{i=1}^{n} \mu_i \xi_i^2 = 1$ に代入して $c^2 = \left(\sum_{i=1}^{n} \frac{y_i^2}{\mu_i} \right)^{-1}$. そこで

$$u - u^{(0)} = \langle p, x - x^{(0)} \rangle = \langle T\xi, Ty \rangle$$
$$= \langle \xi, y \rangle = c \sum_{i=1}^{n} \frac{y_i^2}{\mu_i} = c^{-1}$$
$$= \pm \left(\sum_{i=1}^{n} \frac{y_i^2}{\mu_i} \right)^{1/2}.$$

したがって求める包絡面は

$$u - u^{(0)} = \pm \left(\sum_{i=1}^{n} \frac{y_i^2}{\mu_i} \right)^{1/2}, \quad y = T^{-1}(x - x^{(0)})$$

であるが

$$\sum_{i=1}^{n} \frac{y_i^2}{\mu_i} = \langle M^{-1} y, y \rangle = \langle TM^{-1}T^{-1}(x - x^{(0)}), x - x^{(0)} \rangle$$

で $TM^{-1}T^{-1} = A^{-1}$ であるから (2.41) が得られた.

(2.42) を示す. $S_p \cap S$ においては

$$\langle p, x-x^{(0)} \rangle = \pm(\langle A^{-1}(x-x^{(0)}), x-x^{(0)} \rangle)^{1/2}, \quad \langle Ap, p \rangle = 1 \quad (2.43)$$

である. $T^{-1}AT = M$ は $\mu_1, \cdots, \mu_n$ を対角成分にもつ対角行列である. そこで $M^{\pm 1/2}$ を $\mu_1^{\pm 1/2}, \cdots, \mu_n^{\pm 1/2}$ を対角成分にもつ対角行列とし $A^{\pm 1/2} = TM^{\pm 1/2}T^{-1}$ とおけば, $A^{\pm 1/2}$ は対称行列で $(A^{\pm 1/2})^2 = A^{\pm 1}$ である.

$$A^{-1/2}(x-x^{(0)}) = z, \quad A^{1/2}p = q$$

とおけば (2.43) は

$$\langle q, z \rangle = \pm|z|, \quad |q| = 1$$

を意味する. これはコーシー–シュワルツの不等式で等号が成り立つ場合であるから, $z = tq, t = \pm|z|$ である. よって $x - x^{(0)} = tAp$ であり

$$t = \pm|A^{-1/2}(x-x^{(0)})| = \pm|\langle A^{-1}(x-x^{(0)}), x-x^{(0)} \rangle| = \pm(u-u_0)$$

である. □

… 行列の平方根ってあるんですね. 驚きだな.

… 上のように対角化して考えるとどんな行列の関数も考えられるな. $f(\mu_i)$ を対角成分にもつ対角行列 D_f を考えて $f(A) = TD_fT^{-1}$ とおけばいいんだ.

… 包絡面に関する一般的な定理を紹介しましょう. λ は $\mathbf{R}^{n-1}$ の中の領域 Λ を動くパラメータ, x は $\mathbf{R}^{n+1}$ の中の領域 X を動く変数とし $X \times \Lambda$ 上で次の 2 つの条件を仮定します.

$$\mathrm{rank} \begin{pmatrix} \frac{\partial f}{\partial x_1} & \frac{\partial f}{\partial x_2} & \cdots & \frac{\partial f}{\partial x_{n+1}} \\ \frac{\partial^2 f}{\partial x_1 \partial \lambda_1} & \frac{\partial^2 f}{\partial x_2 \partial \lambda_1} & \cdots & \frac{\partial^2 f}{\partial x_{n+1} \partial \lambda_1} \\ \cdots & \cdots & \cdots & \cdots \\ \frac{\partial^2 f}{\partial x_1 \partial \lambda_{n-1}} & \frac{\partial^2 f}{\partial x_2 \partial \lambda_{n-1}} & \cdots & \frac{\partial^2 f}{\partial x_{n+1} \partial \lambda_{n-1}} \end{pmatrix} = n \quad (2.44)$$

$$\det \begin{pmatrix} \frac{\partial^2 f}{\partial \lambda_1 \partial \lambda_1} & \frac{\partial^2 f}{\partial \lambda_1 \partial \lambda_2} & \cdots & \frac{\partial^2 f}{\partial \lambda_1 \partial \lambda_{n-1}} \\ \frac{\partial^2 f}{\partial \lambda_2 \partial \lambda_1} & \frac{\partial^2 f}{\partial \lambda_2 \partial \lambda_2} & \cdots & \frac{\partial^2 f}{\partial \lambda_2 \partial \lambda_{n-1}} \\ \cdots & \cdots & \cdots & \cdots \\ \frac{\partial^2 f}{\partial \lambda_{n-1} \partial \lambda_1} & \frac{\partial^2 f}{\partial \lambda_{n-1} \partial \lambda_2} & \cdots & \frac{\partial^2 f}{\partial \lambda_{n-1} \partial \lambda_{n-1}} \end{pmatrix} \neq 0 \qquad (2.45)$$

定理 2.7.2 仮定 (2.44), (2.45) の下で (必要なら X, Λ を小さく取り直せば)

$$\frac{\partial f}{\partial \lambda_1}(x, \lambda) = \cdots = \frac{\partial f}{\partial \lambda_{n-1}}(x, \lambda) = 0 \qquad (2.46)$$

から $\lambda_i = \lambda_i(x), 1 \leq i \leq n-1$, と表すことができる. $f(x, u, \lambda_1(x), \cdots, \lambda_{n-1}(x)) = 0$ が定める曲面を S とする.

(1) S は $\mathbf{R}^{n+1}$ の中の n 次元超曲面である.

(2) 各 $\lambda \in \Lambda$ に対して S_λ 内に曲線 C_λ が存在し, S と S_λ は C_λ に沿って接している. しかも λ を Λ 上で動かすとき, C_λ は S を形成する.

… 簡単にいえば

> $f = \dfrac{\partial f}{\partial \lambda_1} = \cdots = \dfrac{\partial f}{\partial \lambda_{n-1}} = 0$ から $\lambda_1, \cdots, \lambda_{n-1}$ を消去して得られる曲面が包絡面である.

というわけです. 証明は省略します. 定理の意味を理解してください.

2.8 特性方程式

… ここから先は一般の 1 階偏微分方程式を扱いましょう. $F(x, u, p)$ $(x, p \in \mathbf{R}^n, u \in \mathbf{R}^1)$ を与えられた関数とし, 方程式

$$F(x, u(x), \nabla u(x)) = 0 \qquad (2.47)$$

を考えます. 次の 2 つを理解するのが目標と思ってください.

例 2.8.1 $F(x, u, p) = |p|^2 - c(x)^2$. この場合方程式は

$$|\nabla u(x)|^2 = c(x)^2 \qquad (2.48)$$

となり**アイコナール方程式** (Eikonal equation) とよばれる．これは光や音の伝播の問題に現れる．

例 2.8.2 $F(t,x,u,\tau,p) = \tau + |p|^2 + V(t,x)$. このとき方程式は

$$u_t(t,x) + |\nabla_x u(t,x)|^2 + V(t,x) = 0 \tag{2.49}$$

となり**ハミルトン-ヤコビ方程式** (Hamilton-Jacobi equation) とよばれる．これはポテンシャル V による力の場の中での粒子の運動の問題に現れる．

… いよいよ本格的になるんだな．なんだか緊張するな．
… 方程式 (2.47) を解くための重要な概念は特性方程式と成帯条件です．まず特性方程式から始めましょう．

定義 2.8.3 次の常微分方程式系を (2.47) に対する**特性方程式** (characteristic equation) という．

$$\frac{dx_1}{P_1} = \cdots = \frac{dx_n}{P_n} = \frac{du}{\sum_{i=1}^{n} p_i P_i} = \frac{-dp_1}{X_1 + p_1 U} = \cdots = \frac{-dp_n}{X_n + p_n U}, \tag{2.50}$$

$$P_i = \frac{\partial F}{\partial p_i}, \quad X_i = \frac{\partial F}{\partial x_i}, \quad U = \frac{\partial F}{\partial u}. \tag{2.51}$$

… 確認させてください．これは

$$\begin{cases} \dfrac{dx_i(t)}{dt} = P_i(x(t),u(t),p(t)), \\ \dfrac{du(t)}{dt} = \sum_{i=1}^{n} p_i(t) P_i(x(t),u(t),p(t)), \\ \dfrac{dp_i(t)}{dt} = -X_i(x(t),u(t),p(t)) - p_i(t) U(x(t),u(t),p(t)) \end{cases} \tag{2.52}$$

という連立常微分方程式ですね．
… いきなり長い式がでてきて，これだけで降参したくなるな．
… 一見，大掛かりですが実際には自然に現れてくるものであることを説明しましょう．

水平方向に x の空間 $\mathbf{R}^n$ をとり，垂直方向に u の空間 $\mathbf{R}^1$ をとって $n+1$ 次元空間 $\mathbf{R}^n \times \mathbf{R}^1$ を考えます．方程式 (2.47) の解 $u(x)$ に対して $u = u(x)$ が定

める $\mathbf{R}^n \times \mathbf{R}^1$ 内の n 次元曲面 S を想像してください．これを解曲面とよびましょう．特性方程式を暗記する必要はありませんが次のことを頭に入れて欲しいのです．特性方程式の解がなす曲線を**特性曲線**といいます．

> 解曲面 $S : u = u(x)$ 上の点から出発する特性曲線はつねに解曲面 S 上にある．

… 解曲面って解のグラフのことね．準線形のときにもでてきたわ．でも直観的には上のことは見当がつかないわ．
… 徐々に理解していきましょう．S 上の点 $(x^{(0)}, u^{(0)})$ での S の接空間の方程式はどうなりますか？
… えーと S は $u(x) - u = 0$ で定義されているから微分して $(\nabla u(x^{(0)}), -1)$ が法線ベクトルです．すると $(x^{(0)}, u^{(0)})$ での S の接空間の方程式は

$$\nabla u(x^{(0)}) \cdot (x - x^{(0)}) - (u - u^{(0)}) = 0$$

です．
… そうです．これを念頭におきながら聞いてください．

ここでいったん S を忘れて，$(x^{(0)}, u^{(0)}) \in \mathbf{R}^{n+1}$ を任意に固定し，$F(x^{(0)}, u^{(0)}, p) = 0$ を満たす $p = (p_1, \cdots, p_n)$ に対して n 次元超平面

$$\Pi(x^{(0)}, u^{(0)}, p) : p_1(x_1 - x_1^{(0)}) + \cdots + p_n(x_n - x_n^{(0)}) = u - u^{(0)} \qquad (2.53)$$

を考えます．
… すみません．記号が多すぎて混乱しそうなので．(2.53) は p も固定して x と u に関する一次方程式と考えるんですね．
… そうです．p というパラメータに依存する超平面の族を考えています．記号で書けば

$$\{\Pi(x^{(0)}, u^{(0)}, p)\,;\, F(x^{(0)}, u^{(0)}, p) = 0\}$$

です．前節の仮定が満たされていれば，p を動かして得られるこの超平面族の包絡面は錘になります．この錘 $M(x^{(0)}, u^{(0)})$ を**モンジュ錘** (Monge cone) とよびます．アイコナール方程式 $|\nabla_x u|^2 = c(x)^2$ が基本的な例です．$F(x, u, p) = $

$|p|^2 - c(x)^2$ として状況を想像してみてください. $n = 2$ と思えばいいです.
… 例題 2.7.1 で $A = c(x^{(0)})^{-2} I$ とすればいいんですね. すると $u - u^{(0)} = \pm(\langle A^{-1}(x - x^{(0)}), x - x^{(0)}\rangle)^{1/2}$ という上下に開いた円錐がでてきますから, これがモンジュ錐 $M(x^{(0)}, u^{(0)})$ ですね.
… 分かりやすくするために上に開いた方だけ想像しましょう.
… 3 次元空間の中の各点 $(x^{(0)}, u^{(0)})$ ごとにアイスクリームのコーンをおいてあると思えばいいのね.
… $F(x^{(0)}, u^{(0)}, p) = 0$ から $p_n = p_n(p_1, \cdots, p_{n-1})$ と表されるとしましょう. $M(x^{(0)}, u^{(0)})$ は (2.53) と, それを p_i で偏微分して得られる

$$x_i - x_i^{(0)} + \frac{\partial p_n}{\partial p_i}(x_n - x_n^{(0)}) = 0, \quad 1 \leq i \leq n-1$$

から得られます. $F(x^{(0)}, u^{(0)}, p) = 0$ を p_i で微分すると $P_i + P_n \frac{\partial p_n}{\partial p_i} = 0$ となりますから

$$\frac{x_i - x_i^{(0)}}{P_i} = \frac{x_n - x_n^{(0)}}{P_n}, \quad 1 \leq i \leq n-1$$

です. これを (2.53) に代入して

$$\frac{x_n - x_n^{(0)}}{P_n} = \frac{u - u^{(0)}}{p_1 P_1 + \cdots + p_n P_n}$$

ですからモンジュ錐 $M(x^{(0)}, u^{(0)})$ と超平面 $\Pi(x^{(0)}, u^{(0)}, p)$ の両方の上にある点は

$$\frac{x_1 - x_1^{(0)}}{P_1} = \cdots = \frac{x_n - x_n^{(0)}}{P_n} = \frac{u - u^{(0)}}{p_1 P_1 + \cdots + p_n P_n} \tag{2.54}$$

を満たします. したがって (2.54) は両者が接する母線の方程式です.
… P_i の変数がどうなっているのか気になってしょうがないんやけど.
… そうですね. P_i の変数は x, u, p なのですが, 上の計算から分かるとおり, (2.54) の中の P_i は $P_i(x^{(0)}, u^{(0)}, p)$, ただし p は $F(x^{(0)}, u^{(0)}, p) = 0$ という範囲に限定されています. この辺は間違いやすい所なので変数をちゃんと書きましょう.

$u(x)$ を $F(x, u(x), \nabla u(x)) = 0$ の解とし, $u^{(0)} = u(x^{(0)}), p^{(0)} = \nabla u(x^{(0)})$ とおけば, 曲面 $S : u = u(x)$ の $(x^{(0)}, u^{(0)})$ における接空間は $\Pi(x^{(0)}, u^{(0)}, p^{(0)})$

です ((2.53) 参照). (2.54) で $p_i = p_i^{(0)}$, $P_i = P_i(x^{(0)}, u^{(0)}, p^{(0)})$ としたものはモンジュ錐 $M(x^{(0)}, u^{(0)})$ の母線で, $\Pi(x^{(0)}, u^{(0)}, p^{(0)})$ 内にありますから, $(P_1^{(0)}, \cdots, P_n^{(0)}, \sum_{i=1}^{n} p_i^{(0)} P_i^{(0)})$ は $(x^{(0)}, u^{(0)})$ における曲面 S の接ベクトルです. 以上のことをまとめましょう.

> $F(x, u(x), \nabla u(x)) = 0$ の解 $u(x)$ に対して S を $u = u(x)$ が定める曲面とし, $T_{(x,u(x))}(S)$ を $(x, u(x))$ における S の接空間とする. $P(x) = (\nabla_p F)(x, u(x), \nabla u(x))$, $p(x) = (\nabla_x u)(x)$, とおけば $(P(x), p(x) \cdot P(x)) \in T_{(x,u(x))}(S)$ である.

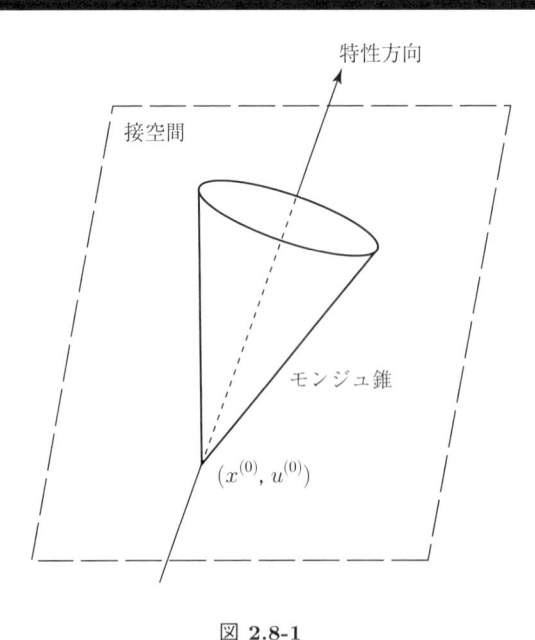

図 2.8-1

$\cdots$ そこで, S 内に曲線を考えましょう. S が $u = u(x)$ で表されていることを考えると, $C : t \to (x(t), u(x(t)))$ が S 内の曲線のパラメータ表示です.

$$P(x, u, p) = (\nabla_p F)(x, u, p)$$

とおき, $x(t)$ が

$$\frac{d}{dt}x(t) = P(x(t), u(x(t)), \nabla u(x(t))) \tag{2.55}$$

を満たしているとしましょう. そうすると $u(x(t))$ は $p(t) = \nabla u(x(t))$ とおいて

$$\frac{d}{dt}u(x(t)) = p(t) \cdot P(x(t), u(x(t)), p(t)) \tag{2.56}$$

を満たしています.

さらに

$$r_{ij}(t) = \left(\frac{\partial^2 u}{\partial x_i \partial x_j}\right)(x(t))$$

とおきます. $F(x, u(x), \nabla u(x)) = 0$ を x_j で微分して $x = x(t)$ とおくことによって

$$X_j(x(t), u(x(t)), \nabla u(x(t))) + U(x(t), u(x(t)), \nabla u(x(t)))p_j(t)$$
$$+ \sum_{i=1}^{n} P_i(x(t), u(x(t)), \nabla u(x(t)))r_{ij}(t) = 0$$

となります. $p(t) = \nabla u(x(t))$ とおけば, これらの式より

$$\frac{dp_i}{dt} = \sum_{j=1}^{n} \frac{\partial^2 u}{\partial x_i \partial x_j} \frac{dx_j}{dt} = \sum_{j=1}^{n} r_{ij} P_j = -X_i - Up_i$$

となります. 以上によって特性方程式 (2.52) が得られました.

… すみません. なにかもやもやしてよく分からないんですが. $F(x, u(x), \nabla u(x)) = 0$ を満たす $u(x)$ があるとして, $x(t)$ が

$$\frac{d}{dt}x_i(t) = P_i(x(t), u(x(t)), \nabla u(x(t)))$$

を満たしていれば, $u(x(t))$, $p(t) = \nabla u(x(t))$ は

$$\frac{d}{dt}u(x(t)) = \sum_{i=1}^{n} \frac{\partial u}{\partial x_i}(x(t))P_i(x(t), u(x(t)), \nabla u(x(t))),$$
$$\frac{d}{dt}p_i(t) = -X_i(x(t), u(x(t)), \nabla u(x(t))) - U(x(t), u(x(t)), \nabla u(x(t)))p_i(t)$$

を満たす, という計算をしたんでしょう. これがなぜ特性方程式 (2.52) なんでしょう? あ, そうか. 右辺で $\nabla u(x(t))$ を $p(t)$ で置き換えるのか.
… 前にもこれと似たようなことがあったんですが, ちょっと記号を変えますね. $x(t) = \widetilde{x}(t), u(x(t)) = \widetilde{u}(x(t)), p(t) = \widetilde{p}(t)$ とおきますと上の方程式は

$$\begin{cases} \dfrac{d}{dt}\widetilde{x}_i(t) = P_i(\widetilde{x}(t),\widetilde{u}(t),\widetilde{p}(t)), \\ \dfrac{d}{dt}\widetilde{u}(t) = \sum_{i=1}^{n}\widetilde{p}_i(t)P_i(\widetilde{x}(t),\widetilde{u}(t)),\widetilde{p}(t)), \\ \dfrac{d}{dt}\widetilde{p}_i(t) = -X_i(\widetilde{x}(t),\widetilde{u}(t),\widetilde{p}(t)) - U(\widetilde{x}(t),\widetilde{u}(t),\widetilde{p}(t))\widetilde{p}_i(t) \end{cases} \quad (2.57)$$

となります．これは特性方程式 (2.52) と同じものです．

… えー，そこまではいいんですが．

… (2.57) を導くときには偏微分方程式 (2.47) の解 $u(x)$ を使ったのですが，結論としてでてきた方程式 (2.57) は解 $u(x)$ を含んでいないのです．だから特性方程式 (2.52) は偏微分方程式 (2.47) とは無関係に $\mathbf{R}^n \times \mathbf{R}^1$ の中で与えられているのです．

… ははー，なるほど．特性方程式 (2.52) は常微分方程式だから初期値を与えれば必ず解けるな．

… 特性方程式 (2.52) と偏微分方程式 (2.47) の関係を考えましょう．偏微分方程式 (2.47) の解 $u(x)$ があるとして $x(t)$ を $\frac{d}{dt}x(t) = P(x(t),u(x(t)),\nabla u(x(t)))$ を満たすように求めれば，$x(t), u(x(t)), p(t) = \nabla u(x(t))$ は $\widetilde{x}(t), \widetilde{u}(t), \widetilde{p}(t)$ と同じ微分方程式を満たします．そこで両者の初期値を同じものにとれば両者はつねに一致します．

… あ，そうか．$(x(t), u(x(t)))$ は解曲面 S 上の曲線だから特性方程式 (2.52) の解も解曲面 S 上の曲線となるというわけか．

… それで解曲面 $S: u = u(x)$ 上の点から出発する特性曲線はつねに解曲面 S 上にあることが分かったのです．これは大事なことで，1 階偏微分方程式を解くシナリオは，まず特性方程式を解いて特性曲線を求め，次にそれらを束ねて解曲面を作る，ということになるんです．

… 特性曲線のうちで $p(t)$ は解曲面とどういう関係にあるんですか？

… そうそう，そこも要注意ですね．(2.57) でいうと，解曲面を $S: u = u(x)$ として

$$\widetilde{x}(0) = x^{(0)}, \quad \widetilde{u}(0) = u(x^{(0)}), \quad \widetilde{p}(0) = \nabla u(x^{(0)})$$

を初期値としたとき，$(\widetilde{x}(t), \widetilde{u}(t))$ は解曲面 S 上にある，というのがより正確でした．$\widetilde{p}(t)$ が解曲面 S とどういう関係にあるかは大事なことなので次節でお話

しましょう.

··· モンジュ錐はどうなってしまったんですか？

··· モンジュ錐は今後, でてはきません. しかし上の議論の最初で解曲面 S の接ベクトル $(P, p \cdot P)$ を定めるという重要な役割を果たしたでしょう.

2.9 成帯条件

··· 今日は**場** ("ば" と読みます) という言葉を覚えましょう. field の訳です.

··· よく聞くんですが, 正確に説明してもらったことがないので.

··· 代数では field は体といってますが, それとは大分違うようなんですが.

··· 物理ではよく使いますよ. "重力場" とか "電磁場" とか.

··· これはどこから来たのかはっきりとは分からないのですが, 数学では集合 X, Y と写像 $f : X \to Y$ が与えられたとき, f を X 上の場ということがあります. 例えば Y がベクトル空間のときには f を X 上のベクトル場といいます. 簡単にいえば "場" とは "関数" のことです. もっともこの関数の値は普通の数とは限らないのですが.

··· 物理でもそうみたいですね. "量子場" なんてそんな感じだな.

··· 前節で点 $(x^{(0)}, u^{(0)})$ を固定するごとにその点を通る超平面 $\Pi(x^{(0)}, u^{(0)}, p^{(0)})$ を考えました. $(x^{(0)}, u^{(0)})$ を動かせばこれは $\mathbf{R}^{n+1}$ の中の n-次元超平面のなす空間に値をとる関数ですから, 超平面の場です.

··· $\Pi(x^{(0)}, u^{(0)}, p^{(0)})$ は $(x^{(0)}, u^{(0)})$ を通って $(-p^{(0)}, 1)$ に直交する超平面だから, $\mathbf{R}^{n+1}$ 空間の各点 $(x^{(0)}, u^{(0)})$ ごとに超平面がある, という状況になっているんですね. 絵に描こうとしてもこれは大変だな.

··· さてもう一つの重要な言葉を説明しましょう. それは帯です.

$\mathbf{R}^k$ の中に曲線 $C = \{x(t); 0 \leq t \leq 1\}$ とそれに沿う超平面の場 $\Pi(t), 0 \leq t \leq 1$, があるとします. すなわち $\Pi(t)$ は各 t ごとに点 $x(t)$ を通る $\mathbf{R}^k$ 内の超平面を与えているとします. 話を分かりやすくするために超平面のうちの $x(t)$ の近くの小さい部分だけを想像してください. この超平面が曲線 C 上の各点で C に接しているとき **帯** (strip) とよびます.

··· (絵を描いてみて) なるほどな, 紐に布片を貼り付けていくと帯ができると

… いうイメージか.

… 超平面をすごく小さくとるんだから無限に細い帯なのね.

… 前節で特性曲線を束ねて解曲面を作るといいましたが, それは縦糸, 横糸で布を織っていく操作と似ています. これからやるのは $\mathbf{R}^n$ の中に $n-1$ 次元の超曲面 S_0 を考え, S_0 上の関数 $\varphi(x)$ が与えられたときに, S_0 上では $u(x) = \varphi(x)$, そして S_0 の近くで偏微分方程式 (2.47) を満たす $u(x)$ を求めることです. x を S_0 上で動かすとき $(x, \varphi(x))$ は $\mathbf{R}^{n+1}$ の中の $n-1$ 次元曲面になります. それを $\widetilde{S}_0$ とします. $n=2$ の場合を想像してください. $\widetilde{S}_0$ は3次元空間の中におかれた紐です. この紐から上向きに縦糸を出します. この縦糸を結び合わせるのに横糸が必要です. このことを想像しながら以下のことを考えてください.

… 1階偏微分方程式を解くって機織りのようなものなのね.

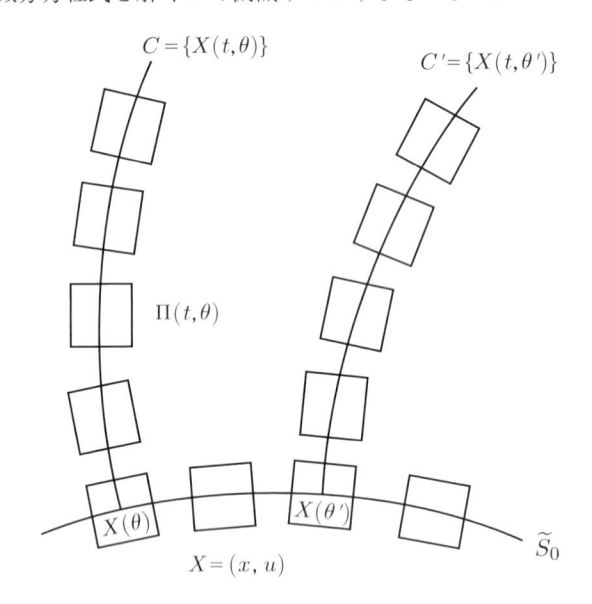

図 2.9-1

… 特性曲線の方程式 (2.50) のうち

$$\frac{dx_i}{dt} = P_i, \quad 1 \le i \le n, \quad \frac{du}{dt} = \sum_{i=1}^n p_i P_i$$

は超平面の場 $\Pi(x^{(0)}, u^{(0)}, p^{(0)})$ が特性曲線に沿う帯をなしていることを意味しています．証明してください．

… どうするのかな．$P_i^{(0)} = P_i(x^{(0)}, u^{(0)}, p^{(0)})$ とおけば上の微分方程式がいっているのは特性曲線上の点 $(x^{(0)}, u^{(0)})$ における接ベクトルは $(P^{(0)}, p^{(0)} \cdot P^{(0)})$ だということか．$\Pi(x^{(0)}, u^{(0)}, p^{(0)})$ の法ベクトルは $(p^{(0)}, -1)$．これらは直交しているな．だから $\Pi(x^{(0)}, u^{(0)}, p^{(0)})$ は特性曲線に接しているのか．

… この帯を**特性帯** (characteristic strip) といいます．縦糸が帯になっていることが分かりましたので今度は横糸を考えましょう．

$n-1$ 次元の超曲面 $S_0 \subset \mathbf{R}^n$ と S_0 上の関数 $\varphi(x)$ を与え，S_0 の近くで $F(x, u(x), \nabla u(x)) = 0$ を満たし，S_0 上で $u(x) = \varphi(x)$ となる $u(x)$ が存在するとしましょう．S_0 を $n-1$ 個のパラメータ $\theta = (\theta_1, \cdots, \theta_{n-1})$ で表します：

$$S_0 : x_i = x_i(\theta_1, \cdots, \theta_{n-1}), \quad 1 \le i \le n.$$

$p(x) = \nabla u(x)$ とおけば S_0 上では $\varphi(x(\theta)) = u(x(\theta))$ ですから，$\psi(\theta) = \varphi(x(\theta)) = u(x(\theta))$ とおくと

$$\frac{\partial \psi}{\partial \theta_i} = \sum_{j=1}^n \frac{\partial u}{\partial x_j} \frac{\partial x_j}{\partial \theta_i} = \sum_{j=1}^n p_j \frac{\partial x_j}{\partial \theta_i}, \quad 1 \le i \le n-1 \qquad (2.58)$$

です．θ_i のみを動かして得られる $\mathbf{R}^{n+1}$ の中の曲線

$$C_i : \theta_i \to (x_1(\theta), \cdots, x_n(\theta), \psi(\theta)) \qquad (2.59)$$

の接ベクトルは $(\frac{\partial x_1}{\partial \theta_i}, \cdots, \frac{\partial x_n}{\partial \theta_i}, \frac{\partial \psi}{\partial \theta_i})$ ですから，(2.58) は $(p_1, \cdots, p_n, -1)$ を法ベクトルに持つ超平面の場 $\Pi(x(\theta), \varphi(x(\theta)), p(x(\theta)))$ が C_i に沿う帯をなしていることを意味しています．$i = 1, \cdots, n-1$ に対してこのことを考慮すれば $\mathbf{R}^{n+1}$ 内の $n-1$ 次元曲面

$$\widetilde{S}_0 : \theta \to (x_1(\theta), \cdots, x_n(\theta), \psi(\theta))$$

が帯をなす条件と言ってよいでしょう．記号

$$dx_j = \sum_{i=1}^{n-1} \frac{\partial x_j}{\partial \theta_i} d\theta_i, \quad d\varphi(x(\theta)) = \sum_{i=1}^{n-1} \frac{\partial \psi}{\partial \theta_i} d\theta_i$$

を用いれば (2.58) は

$$d\varphi = \sum_{j=1}^{n} p_j dx_j \qquad (2.60)$$

と書けます．(2.60) あるいは (2.58) を初期値 $\varphi(x)$ と超平面の場 $\Pi(x,\varphi(x),p(x))$ が満たす**成帯条件** (strip condition) とよびます．

… すみません．いきなり $d\varphi$ がでてきたので．

… そうですね．早まりました．まず φ は S_0 上の関数ですから θ の関数です．そこで θ の関数として全微分すると

$$d\varphi(x(\theta)) = \sum_{i=1}^{n-1} \frac{\partial \varphi(x(\theta))}{\partial \theta_i} d\theta_i$$

です．ところが $\varphi(x(\theta)) = u(x(\theta))$ ですから合成関数の微分によって

$$du(x(\theta)) = \sum_{i=1}^{n-1} \frac{\partial u(x(\theta))}{\partial \theta_i} d\theta_i$$
$$= \sum_{i=1}^{n-1} \sum_{j=1}^{n} \frac{\partial u}{\partial x_j}(x(\theta)) \frac{\partial x_j(\theta)}{\partial \theta_i} d\theta_i$$
$$= \sum_{i=1}^{n-1} \sum_{j=1}^{n} p_j(x(\theta)) \frac{\partial x_j(\theta)}{\partial \theta_i} d\theta_i$$

となります．これを書き換えたのが (2.60) です．

… すると (2.60) は $\mathbf{R}^n$ の変数 x を使って書いてありますが，じつは S_0 の座標 θ を使った (2.58) の方が具体的な内容なんですね．

… そうなんです．S_0 の座標の取り方はいろいろあるので，座標の取り方によらない書き方をすべきであることと，もともと解きたい方程式は $\mathbf{R}^n$ の中のものですから $\mathbf{R}^n$ の変数で表示しておく方がよい，ということです．もちろん，実際に計算するときには θ 座標を用いて (2.58) を使わなくてはなりませんが．

例題 2.9.1 (2.58) は $\widetilde{S}_0$ の中の任意の曲線

$$\widetilde{C} : t \to (x_1(\theta(t)), \cdots, x_n(\theta(t)), \psi(\theta(t)))$$

に沿って超平面の場 $\Pi(x,\varphi(x),p(x))$ が帯をなすことと同値であることを示せ．

解 任意の曲線に関して帯をなしていれば特に (2.59) に沿って帯をなすから，(2.58) が成り立つ．逆に (2.58) が成り立つとき $c(t) = x(\theta(t))$ とおけば

$$\frac{d}{dt}\varphi(c(t)) = \sum_i \frac{\partial \psi}{\partial \theta_i}\frac{d}{dt}\theta_i(t) = \sum_{i,j} p_j \frac{\partial x_j}{\partial \theta_i}\frac{d}{dt}\theta_i(t) = \sum_j p_j \frac{d}{dt}c_j(t)$$

であるから $\widetilde{C}$ に沿って帯をなす. □

2.10 非線形初期値問題

… さていよいよ最初の目標までやってきました. $\mathbf{R}^{2n+1}$ 上で定義された関数 $F(x,u,p)$ と $\mathbf{R}^n$ 内の $n-1$ 次元超曲面 S_0, さらに S_0 上の関数 $\varphi(x)$ が与えられたとき, S_0 の近くで $F(x,u(x),\nabla u(x))=0$ を満たし, S_0 上で $u(x)=\varphi(x)$ となる $u(x)$ を求めようというのが問題でした. じつは線形や準線形の場合とは異なり, このままでは解は一意的ではありません. それは後で例を与えることにします. 正しい定式化は次のようなものです.

定理 2.10.1 S_0 上の関数 $\pi(x) = (\pi_1(x), \cdots, \pi_n(x))$ が存在し S_0 上で次を満たすとする.

$$\begin{cases} F(x, \varphi(x), \pi(x)) = 0, \\ d\varphi = \sum_{j=1}^n \pi_j dx_j, \\ (\nabla_p F)(x, \varphi(x), \pi(x)) \notin T_x(S_0). \end{cases} \quad (2.61)$$

このとき S_0 の近くで $F(x,u(x),\nabla u(x))=0$ を満たし S_0 上で

$$u(x) = \varphi(x), \quad \nabla u(x) = \pi(x), \quad (2.62)$$

となる $u(x)$ が唯一つ存在する.

… 条件 (2.61) の意味を復習する必要がありますね. まず S_0 上の点を $\theta = (\theta_1, \cdots, \theta_{n-1})$ という $n-1$ 個のパラメータを用いて $x(\theta)$ で表します.
… 最初の式は θ の関数として

$$F(x(\theta), \varphi(x(\theta)), \pi(x(\theta))) = 0 \quad (2.63)$$

ですね.
… 第 2 式の意味は

$$\frac{\partial}{\partial \theta_i}\varphi(x(\theta)) = \sum_{j=1}^{n} \pi_j(x(\theta))\frac{\partial}{\partial \theta_i}x_j(\theta) \tag{2.64}$$

という意味ね.

… 3番目の式は $(\nabla_p F)(x(\theta), \varphi(x(\theta)), \pi(x(\theta)))$ というベクトルが $x(\theta)$ で S_0 に接していないということか.

… 念のためですが, (2.62) の第2式は $u(x)$ を $\mathbf{R}^n$ 上の関数として微分したとき,

$$\left(\frac{\partial u}{\partial x_i}\right)(x(\theta)) = \pi_i(x(\theta)), \quad 1 \leq i \leq n$$

が成り立つという意味です.

定理 2.10.1 の証明の前に例をあげましょう.

例 2.10.2 $\mathbf{R}^3$ で $|\nabla u(x)|^2 = 2u(x)$ を考える. $S_0 = \{x_3 = 0\}$ とし, S_0 上で $u(x) = \varphi(x) = \frac{1}{2}((x_1 - a_1)^2 + (x_2 - a_2)^2 + a_3^2)$ を満たす解を求める. $a_i, i = 1, 2, 3$ は定数である. $F(x, u, p) = \frac{1}{2}|p|^2 - u$ とおけば, 特性方程式は

$$\frac{dx_i}{dt} = p_i, \quad \frac{dp_i}{dt} = p_i, \quad i = 1, 2, 3, \quad \frac{du}{dt} = \sum_{i=1}^{3} p_i^2 \tag{2.65}$$

である. S_0 上で

$$d\varphi = (x_1 - a_1)dx_1 + (x_2 - a_2)dx_2$$

であるから

$$\pi_1 = p_1|_{S_0} = x_1 - a_1, \quad \pi_2 = p_2|_{S_0} = x_2 - a_2 \tag{2.66}$$

である. S_0 上で $p_1^2 + p_2^2 + p_3^2 = 2\varphi$ であるから

$$\pi_3 = p_3|_{S_0} = \pm a_3$$

である. この初期条件を用いて (2.65) を解けば $x_i(0) = \theta_i, i = 1, 2,$ として

$$p_i(t) = e^t(\theta_i - a_i), \quad i = 1, 2, \quad p_3(t) = \pm e^t a_3,$$

$$x_i(t) = e^t(\theta_i - a_i) + a_i, \quad i = 1, 2, \quad x_3(t) = \pm(e^t a_3 - a_3),$$

$$u(t) = \frac{e^{2t}}{2}\left((\theta_1 - a_1)^2 + (\theta_2 - a_2)^2 + a_3^2\right) \tag{2.67}$$

となる. よって解は

$$u(x) = \frac{1}{2}\left((x_1-a_1)^2 + (x_2-a_2)^2 + (x_3 \pm a_3)^3\right) \qquad \square$$

… (2.66) で $p_1|_{S_0}$ ってなに？

… これはよく使われる記号で, $p_1(x)$ という関数の変数を S_0 の上だけで考える, という意味です. 関数 $p_1(x)$ の S_0 への制限, と読みます.

… 最後のところがよく分からないんだけど.

… $\mathbf{R}^3$ の中に x を与えて

$$x_i = e^t(\theta_i - a_i) + a_i, \quad i = 1, 2, \quad x_3 = \pm(e^t a_3 - a_3)$$

となる t と $(\theta_1, \theta_2, \theta_3)$, ただし $\theta_3 = 0$, を求める. すると $t = t(x) = \log(1 \pm x_3/a_3)$, $\theta_i = \theta_i(x) = a_i + (1 \pm x_3/a_3)^{-1}(x_i - a_i)$ となる. そこで (2.67) の式で t, θ を $t(x), \theta(x)$ で置き換える, という計算をしたんだ.

… この例から分かりますが, $F(x, u, p)$ と $\varphi(x)$ が与えられたとき (2.61) を満たす $p(x)$ の初期値 $\pi(x)$ は唯一つではありません. $\pi(x)$ を一つ定めれば対応する解は唯一つに定まる, というのが定理 2.10.1 の内容です.

… 準線形のときにはこんなことはなかったですね.

… 準線形の場合には方程式の形が特殊だったために $\pi(x)$ が唯一つだったんです. 次の問題を考えてください.

問題 2.10.3 準線形方程式に対しては (2.61) を満たす $\pi(x)$ は一意的であることを示せ.

解 $F(x, u, p) = \sum_{i=1}^{n} a_i(x) p_i - f(x)$ とおく. S_0 がパラメータ $\theta_1, \cdots, \theta_{n-1}$ で表されているとすると (2.61) の最初の 2 つの方程式は

$$\begin{pmatrix} a_1 & \cdots & a_n \\ \frac{\partial x_1}{\partial \theta_1} & \cdots & \frac{\partial x_n}{\partial \theta_1} \\ \cdots & & \cdots \\ \frac{\partial x_1}{\partial \theta_{n-1}} & \cdots & \frac{\partial x_n}{\partial \theta_{n-1}} \end{pmatrix} \begin{pmatrix} \pi_1 \\ \vdots \\ \vdots \\ \pi_n \end{pmatrix} = \begin{pmatrix} f \\ \frac{\partial \varphi}{\partial \theta_1} \\ \vdots \\ \frac{\partial \varphi}{\partial \theta_{n-1}} \end{pmatrix}$$

と書ける. 係数行列の第 2 行から第 n 行までは S_0 の接空間の基底である. 第

1 行は (2.61) の最後の条件により接空間に含まれないから, n 個の行ベクトルは一次独立で行列式は 0 ではない. よって $\pi_1, \cdots, \pi_n$ はこの方程式から一意的に計算される. □

⋯ さて定理 2.10.1 の証明に入りましょう. S_0 上の点 $y = (y_1, \cdots, y_n)$ をパラメータ $\theta = (\theta_1, \cdots, \theta_{n-1})$ で表し, 初期値問題

$$\begin{cases} \dfrac{dx_i}{dt} = P_i, & x_i(0) = y_i(\theta), \\ \dfrac{du}{dt} = \sum_{i=1}^n p_i P_i, & u(0) = \varphi(y(\theta)), \\ \dfrac{dp_i}{dt} = -X_i - p_i U, & p_i(0) = \pi_i(y(\theta)) \end{cases} \quad (2.68)$$

$(1 \le i \le n)$ を考え, その解を $x(t) = x(t, \theta), u(t) = u(t, \theta), p(t) = p(t, \theta)$ とします.

$$\frac{d}{dt} F(x(t), u(t), p(t)) = \sum_i X_i \frac{dx_i}{dt} + U \frac{du}{dt} + \sum_i P_i \frac{dp_i}{dt} = 0$$

をまず確かめてください.

⋯ 方程式 (2.68) を使うと

$$\sum_i X_i \frac{dx_i}{dt} + U \frac{du}{dt} + \sum_i P_i \frac{dp_i}{dt}$$
$$= \sum_i X_i P_i + U \frac{du}{dt} - \sum_i P_i X_i - \sum_i P_i p_i U$$
$$= U \Big(\frac{du}{dt} - \sum_i P_i p_i \Big) = 0$$

となりますから OK です.

⋯ そこで $t = 0$ を考えて

$$F(x(t, \theta), u(t, \theta), p(t, \theta)) = F(y(\theta), \varphi(y(\theta)), \pi(y(\theta))) = 0 \quad (2.69)$$

です. これが重要な式です. 次に写像 $(t, \theta) \to x(t, \theta)$ のヤコビアンを計算します. $t = 0$ のときには

$$\det\Big(\frac{\partial x}{\partial t}, \frac{\partial x}{\partial \theta_1}, \cdots, \frac{\partial x}{\partial \theta_{n-1}} \Big) = \det\Big(P, \frac{\partial x}{\partial \theta_1}, \cdots, \frac{\partial x}{\partial \theta_{n-1}} \Big)$$

となりますが, (2.61) の 3 番目の条件から $P = (\nabla_p F)(y, \varphi, \pi)$ は S_0 の接空間

に含まれませんからこの行列式は 0 ではありません. したがって t が小さいとき逆関数の定理が使えます.

$\cdots$ えーと, さっきの例みたいに考えると, まず S_0 の近くの x をとる. 特性方程式の解 $x(t,\theta)$ を使って $x = x(t,\theta)$ から t と θ を x を用いて表す. それを $t = t(x), \theta = \theta(x)$ とする. ここまではいいかな.

$\cdots$ いいですよ. そこで $u(t(x),\theta(x)) = \widetilde{u}(x)$ とおくとどうなりますか?

$\cdots$ $\widetilde{u}(x)$ が求める解なんだろうけど, どうしたらいいのかな?

$\cdots$ (2.69) が使えないかしら. 元の偏微分方程式 $F(x,u(x),\nabla u(x)) = 0$ と似てるもの.

$\cdots$ うーん, だけど $p(t,\theta)$ はどうなるんだろう?

$\cdots$ ここが肝心なのです. じつは $p(t(x),\theta(x)) = \nabla \widetilde{u}(x)$ であることが分かります. したがって (2.69) によって $\widetilde{u}(x)$ は方程式 $F(x,\widetilde{u}(x),\nabla \widetilde{u}(x)) = 0$ を満たします. また $x \in S_0$ に対して特性方程式の初期条件から $\widetilde{u}(x) = \varphi(x), \nabla \widetilde{u}(x) = \pi(x)$ を満たすことが分かりますから求める解です.

$\cdots$ あてずっぽうに言ったことが当たってうれしいわ. だけどこうなる根拠はさっぱり分からない.

$\cdots$ 成帯条件と関係ないかな. 初期値に対しては $d\varphi = \sum_{j=1}^{n} \pi_j dx_j$ だったろう. そこで $\widetilde{u}(x)$ に対しても $d\widetilde{u} = \sum_{j=1}^{n} p_j dx_j$ となるとすると, これと $d\widetilde{u} = \sum_{j=1}^{n} \frac{\partial \widetilde{u}}{\partial x_j} dx_j$ を比べて $p_j = \frac{\partial \widetilde{u}}{\partial x_j}$ がでてくるから.

$\cdots$ あ, そうだな, $p_j = \frac{\partial \widetilde{u}}{\partial x_j}$ と $d\widetilde{u} = \sum_{j=1}^{n} p_j dx_j$ は同値だ. だけどどうしたらいいんだろ.

$\cdots$ とてもよい推理です. そのとおりなんです. ここから先は少し難しいですからヒントをだしましょう. 変数を $t, \theta_1, \cdots, \theta_{n-1}$ に戻して

$$\frac{\partial u}{\partial t} = \sum_{k=1}^{n} p_k \frac{\partial x_k}{\partial t}, \tag{2.70}$$

$$\frac{\partial u}{\partial \theta_j} = \sum_{k=1}^{n} p_k \frac{\partial x_k}{\partial \theta_j} \tag{2.71}$$

を示せばいいんです. なぜか分かりますか?

… えーと,
$$\frac{\partial \widetilde{u}}{\partial x_i} = \frac{\partial u}{\partial t}\frac{\partial t}{\partial x_i} + \sum_{j=1}^{n-1} \frac{\partial u}{\partial \theta_j}\frac{\partial \theta_j}{\partial x_i}$$
に代入すると
$$\frac{\partial \widetilde{u}}{\partial x_i} = \sum_{k=1}^{n} p_k \frac{\partial x_k}{\partial t}\frac{\partial t}{\partial x_i} + \sum_{j=1}^{n-1}\sum_{k=1}^{n} p_k \frac{\partial x_k}{\partial \theta_j}\frac{\partial \theta_j}{\partial x_i}$$
$$= \sum_{k=1}^{n} p_k \left(\frac{\partial x_k}{\partial t}\frac{\partial t}{\partial x_i} + \sum_{j=1}^{n-1}\frac{\partial x_k}{\partial \theta_j}\frac{\partial \theta_j}{\partial x_i}\right)$$
だから, ははーん, 括弧の中は $\frac{\partial x_k}{\partial x_i} = \delta_{ki}$. だから上の式は p_i に等しい.

… t, θ で微分したり x で微分したりして混乱しそう. 変数をきちんと書くとどうなるのかな?

… 左辺は x の関数なんだから, 右辺もそうでなくちゃいかん. $p_k = p_k(t(x), \theta(x))$ で括弧の中は
$$\left(\frac{\partial x_k}{\partial t}\right)(t(x),\theta(x))\frac{\partial t(x)}{\partial x_i} + \sum_{j=1}^{n-1}\left(\frac{\partial x_k}{\partial \theta_j}\right)(t(x),\theta(x))\frac{\partial \theta_j(x)}{\partial x_i}$$
となっているんだ. $x = x(t(x), \theta(x))$ となるというのが $t(x), \theta(x)$ の定義なんだ.

… そうです. 独立変数としての x と微分方程式の解 $x(t, \theta)$ とを違う記号で書けば問題ないのですが同じ記号で表す習慣があるために時折混乱します. 例えば後者を $y(t, \theta)$ とすると $x_k = y_k(t(x), \theta(x))$ ですから両辺を x_i で偏微分すれば上の計算になるんですね. 慣れるまでは今のように変数を具体的に書き下して確かめておくことをおすすめします.

さて (2.70) は (2.68) から分かります. (2.71) を示すのに $w(t, \theta) = \partial u/\partial \theta_j - \sum_{i=1}^{n} p_i \partial x_i / \partial \theta_j$ とおきますと (2.68) を用いて
$$\frac{\partial w}{\partial t} = \frac{\partial}{\partial \theta_j}\left(\sum_{i=1}^{n} p_i P_i\right) + \sum_{i=1}^{n}(X_i + p_i U)\frac{\partial x_i}{\partial \theta_j} - \sum_{i=1}^{n} p_i \frac{\partial P_i}{\partial \theta_j}$$
$$= \left(\sum_{i=1}^{n}\frac{\partial p_i}{\partial \theta_j}P_i + \sum_{i=1}^{n} X_i \frac{\partial x_i}{\partial \theta_j} + U\frac{\partial u}{\partial \theta_j}\right) - wU$$
となります. ところが $F(x(t, \theta), u(t, \theta), p(t, \theta)) = 0$ を θ_j で微分すれば右辺の

第 1 項は 0 であることが分かります. そこで成帯条件 (2.58) により $w(0,\theta) = 0$ であることを使いますと

$$w(t,\theta) = w(0,\theta)\exp\bigl(-\int_0^t U(s,\theta)ds\bigr) = 0$$

となりますから (2.71) が示されました.

　解の一意性の証明は今までの議論をすべて振り返ることになります. すなわち解 $u_1(x), u_2(x)$ が存在したとしてそれがなす曲面 $S_1 : u = u_1(x)$, $S_2 : u = u_2(x)$ を考えます. この曲面 S_1, S_2 上で解 u_1, u_2 は特性方程式 (2.68) に従います. ところがこの特性方程式は 2 つの解に対して同じものになります. よって常微分方程式の解の一意性によって 2 つの解は一致します. 　□

… そうか, 特性方程式は同じだから $t(x), \theta(x)$ も同じなんだ.
… 偏微分方程式を解くといいつつ, 実質はすべて常微分方程式の理論だけで出来上がっているんだな.
… 1 階偏微分方程式の解法が分かったからこれで一段落ね. ここまで随分長かったわ.

2.11　ハミルトン-ヤコビの理論

… 1 階偏微分方程式の重要な例が古典力学にでてきます. それは $x = (x_1,\cdots,x_n) \in \mathbf{R}^n$ として

$$u_t + H(t,x,\nabla_x u) = 0 \tag{2.72}$$

という形の方程式です. 初期条件

$$u(0,x) = u_0(x) \tag{2.73}$$

を与えて解きましょう. 特性方程式は $H = H(t,x,p)$ として

$$\frac{dx_i}{dt} = \frac{\partial H}{\partial p_i}, \quad \frac{dp_i}{dt} = -\frac{\partial H}{\partial x_i}, \quad i = 1,\cdots,n \tag{2.74}$$

という形に書きなおすことができます. 実際, 新たな変数 τ を加えて

$$F(t,x,u,\tau,p) = \tau + H(t,x,p)$$

とおきますと, $F(t,x,u,u_t,\nabla_x u)=0$ の特性方程式は

$$\begin{cases} \dfrac{dx_i}{ds} = \dfrac{\partial F}{\partial p_i}, & 1 \le i \le n, \\ \dfrac{dt}{ds} = \dfrac{\partial F}{\partial \tau} = 1, \\ \dfrac{du}{ds} = \sum_{i=1}^n p_i \dfrac{\partial F}{\partial p_i} + \tau \dfrac{\partial F}{\partial \tau}, \\ \dfrac{dp_i}{ds} = -\dfrac{\partial F}{\partial x_i} - p_i \dfrac{\partial F}{\partial u}, & 1 \le i \le n, \\ \dfrac{d\tau}{ds} = -\dfrac{\partial F}{\partial t} - \tau \dfrac{\partial F}{\partial u} \end{cases}$$

となります. 成帯条件は x の関数として

$$du_0(x) = \sum_{j=1}^n \frac{\partial u_0}{\partial x^j}(x) dx^j$$

ですから特性方程式の初期条件は

$$\begin{cases} x(0) = y \in \mathbf{R}^n, \\ p(0) = \nabla_x u_0(y), \\ t(0) = 0, \\ \tau(0) = 0 \end{cases} \tag{2.75}$$

です. $dt/ds = 1$ から $t(s) = s$ となりますから $d/ds = d/dt$ です. このことと $\partial F/\partial u = 0$ を考慮すれば, (2.74) を解いて $x(t), p(t)$ をまず求め, 次に

$$\begin{cases} \dfrac{d\tau}{dt} = -\dfrac{\partial H}{\partial t}, \\ \dfrac{du}{dt} = \sum_{i=1}^n p_i \dfrac{\partial H}{\partial p_i} + \tau \end{cases} \tag{2.76}$$

を積分して τ, u が求められます. したがって

$$u(t,y) = u_0(y) + \int_0^t \big(p(s,y) \cdot (\nabla_p H)(s, x(s,y), p(s,y))$$
$$- H(s, x(s,y), p(s,y)) \big) ds \tag{2.77}$$

となります. 次に $x = x(t,y)$ から $y = y(t,x)$ を求めて代入した $u(t, y(t,x))$ が解です.

⋯ (2.74) はきれいな方程式ね.
⋯ 方程式 (2.74) は **正準方程式** (canonical equation) とよばれるものです. 古典力学の奥深い性質は方程式をこのような形に設定することによって導き出されたといっていいくらいのものです.

さてこの節の本論に入ります. 上に述べたのは,

常微分方程式 (2.74) を解けば偏微分方程式 (2.72) が解ける

ということでした. ヤコビ (C. G. Jacobi, 1804–1851) はこの逆もまた正しいことに気がつきました. それは

> 偏微分方程式 (2.72) の n 個のパラメータを含む解から常微分方程式 (2.74) の解を作ることができる.

というものです.
⋯ あ, 前の積分因子のときの話に似ていますね.
⋯ 1 階偏微分方程式を解くからくりは常微分方程式だったんだからもうあまり驚かないな.
⋯ 以下, 慣用に従って

$$\nabla_x = \frac{\partial}{\partial x}$$

と書きます.

n 個のパラメータ $a = (a_1, \cdots, a_n)$ を持つ偏微分方程式 (2.72) の解 $\varphi(x,t,a)$ があったとします. パラメータ $h = (h_1, \cdots, h_n)$ を与えて

$$\frac{\partial \varphi}{\partial a} = b \tag{2.78}$$

から x を求めます. x はパラメータ a, b をもつ t の関数 $x(t,a,b)$ となります.

$$p = \frac{\partial \varphi}{\partial x}(x(t,a,b), t, a) \tag{2.79}$$

によってパラメータ a, b を持つ t の関数 $p(t,a,b)$ を定義します. このとき $x(t,a,b), p(t,a,b)$ は

$$\frac{dx}{dt} = \frac{\partial H}{\partial p}, \quad \frac{dp}{dt} = -\frac{\partial H}{\partial x}$$

を満たす, というのがいわゆるハミルトン-ヤコビの理論です.

1 次元で $H = p^2 + x$ のとき上の手続きを実際に行ってみましょう.

例題 2.11.1 $a \in \mathbf{R}$ をパラメータとする関数

$$\varphi = \varphi(x, t, a) = -at - \frac{2}{3}(a-x)^{3/2}$$

は方程式

$$\varphi_t + (\varphi_x)^2 + x = 0 \tag{2.80}$$

を満たすことを示し, φ から正準方程式

$$\frac{dx}{dt} = \frac{\partial H}{\partial p} = 2p, \quad \frac{dp}{dt} = -\frac{\partial H}{\partial x} = -1 \tag{2.81}$$

の解を構成せよ.

… $\varphi_t = -a$, $\varphi_x = (a-x)^{1/2}$ だから (2.80) は代入すればでてくるな.

… (2.78) を使うと $\varphi_a = -t - (a-x)^{1/2} = b$ から $x = a - (b+t)^2$. すると $p = \varphi_x(x(t, a, b), a, b) = ((b+t)^2)^{1/2}$ となって $p = \pm(b+t)$ か. 符号はどっちだろう.

… $dp/dt = -1$ となるはずだから $p = -(b+t)$ とすればいいのね. $H = p^2 + x$ だから

$$\frac{dx}{dt} = -2(b+t) = 2p = \frac{\partial H}{\partial p}, \quad \frac{dp}{dt} = -1 = \frac{\partial H}{\partial x}$$

となって (2.81) が成り立ってるわ.

さて上のことを定理の形で詳しく述べましょう.

定理 2.11.2 $\mathbf{R}^n \times \mathbf{R}^1 \times \mathbf{R}^n$ 上の関数 $H(x, t, p)$ が与えられているとする. $x^0 \in \mathbf{R}^n$, $t^0 \in \mathbf{R}^1$, $a^0 \in \mathbf{R}^n$ の近くで関数 $\varphi(x, t, a)$ が存在し,

$$\varphi_t + H(x, t, \nabla_x \varphi) = 0, \tag{2.82}$$

$$\det\left(\frac{\partial^2 \varphi}{\partial x_i \partial a_j}\right) \neq 0, \tag{2.83}$$

が成り立つとする. 逆関数の定理によって $b^0 = \dfrac{\partial \varphi}{\partial a}(x^0, t^0, a^0)$ の近くの b に対して

$$\frac{\partial \varphi}{\partial a}(x, t, a) = b \tag{2.84}$$

から $x = x(t, a, b)$ を求めることができる. このとき

$$p(t, a, b) = \frac{\partial \varphi}{\partial x}(x(t, a, b), t, a) \tag{2.85}$$

とおけば

$$\begin{cases} \dfrac{d}{dt} x(t, a, b) = \Big(\dfrac{\partial H}{\partial p}\Big)(x(t, a, b), p(t, a, b)), \\ \dfrac{d}{dt} p(t, a, b) = -\Big(\dfrac{\partial H}{\partial x}\Big)(x(t, a, b), p(t, a, b)) \end{cases} \tag{2.86}$$

が成り立つ.

証明 (2.84) の x に $x(t, a, b)$ を代入して両辺を t で微分すれば

$$\sum_j \frac{\partial^2 \varphi}{\partial a_i \partial x_j} \frac{dx_j}{dt} + \frac{\partial^2 \varphi}{\partial a_i \partial t} = 0$$

が得られる. (2.82) の両辺を a_i で微分し次に x に $x(t, a, b)$ を代入すれば

$$\frac{\partial^2 \varphi}{\partial a_i \partial t} + \sum_j \frac{\partial H}{\partial p_j} \frac{\partial^2 \varphi}{\partial a_i \partial x_j} = 0$$

であるから

$$\sum_j \frac{\partial^2 \varphi}{\partial a_i \partial x_j} \left(\frac{dx_j}{dt} - \frac{\partial H}{\partial p_j} \right) = 0$$

である. これに $\left(\dfrac{\partial^2 \varphi}{\partial a_i \partial x_j}\right)$ の逆行列をかければ $dx/dt = \partial H/\partial p$ が得られる.

(2.85) を t で微分して

$$\frac{\partial p_i}{\partial t} = \sum_j \frac{\partial^2 \varphi}{\partial x_i \partial x_j} \frac{\partial x_j}{\partial t} + \frac{\partial^2 \varphi}{\partial x_i \partial t}$$

である. (2.82) の両辺を x_i で微分して x に $x(t, a, b)$ を代入すれば

$$\frac{\partial^2 \varphi}{\partial x_i \partial t} + \frac{\partial H}{\partial x_i} + \sum_j \frac{\partial H}{\partial p_j} \frac{\partial^2 \varphi}{\partial x_i \partial x_j} = 0$$

である．これらとすでに得られた関係 $dx_j/dt = \partial H/\partial p_j$ を用いれば $dp_i/dt = -\partial H/\partial x_i$ が得られる． □

⋯ 条件 (2.83) を満たす (2.82) の解を**完全積分**とよんでいます．

問題 2.11.3 条件 (2.83) は変数変換によって不変であることを示せ．

解 変数変換 $x \to y$ によって

$$\left(\frac{\partial^2 \varphi}{\partial a_i \partial y_j}\right) = \left(\frac{\partial^2 \varphi}{\partial a_i \partial x_k}\right)\left(\frac{\partial x_k}{\partial y_j}\right)$$

であるから

$$\det\left(\frac{\partial^2 \varphi}{\partial a_i \partial y_j}\right) \neq 0 \iff \det\left(\frac{\partial^2 \varphi}{\partial a_i \partial x_k}\right) \neq 0 \qquad □$$

2.12　2 体問題

⋯ 古典力学における微分方程式は正準方程式の形に書き直されます．例として 2 個の質点の間に距離の 2 乗に反比例する力が働いているときの運動を考えましょう．太陽が原点にあって，地球や彗星が引力に従って動いている，という古典力学のもっとも基本的な問題です．もとの運動が 3 次元空間の中であっても多少の議論の後に平面内の運動に帰着されることが分かります．そこから出発しましょう．

$k > 0$ を定数とし，$x = (x_1, x_2), p = (p_1, p_2)$ として

$$H(x,p) = \frac{1}{2}|p|^2 - \frac{k^2}{r}, \quad r = (x_1^2 + x_2^2)^{1/2} \tag{2.87}$$

とおけば，正準方程式は

$$\frac{dx}{dt} = \frac{\partial H}{\partial p}, \quad \frac{dp}{dt} = -\frac{\partial H}{\partial x}$$

と書けます．

⋯ 正準方程式ってよく知らないんですけどニュートンの運動方程式と同じなんですか？

⋯ $dx/dt = p, dp/dt = k^2 x/r^3$ から

$$\frac{d^2 x}{dt^2} = -\frac{k^2 x}{r^3}$$

となってニュートンの運動方程式がでてきます.

… 私, 力学の歴史が好きでよく本を読むんですけど, ニュートン自身はこういう方程式を書いてないらしいですね.

… 私も力学の法則を 2 階の常微分方程式の形で書き下したのはオイラー (L. Euler, 1707–1783) だ, という話を聞いたことがあります. もっともニュートンはプリンキピアの中では自分の考え方を説明するのに, 当時まだ黎明期にあった微積分を使うのを避けて幾何学的な表現を使ったようなのですが.

… 大英博物館でニュートンがフック (R. Hooke, 1635–1703) にだした手紙というのを見たことがあります. 円が書いてあったから逆 2 乗の力の話でも書いてあったのかと今になって想像してるんですけど.

… あ, そういう話を聞くと嬉しくなりますね. もっといろいろ話したいですけどそろそろ上の計算を続けませんか.

H が (2.87) で与えられるとき方程式 (2.72) は

$$\frac{\partial \varphi}{\partial t} + \frac{1}{2}\left((\frac{\partial \varphi}{\partial x_1})^2 + (\frac{\partial \varphi}{\partial x_2})^2\right) = \frac{k^2}{\sqrt{x_1^2 + x_2^2}}$$

です. まず極座標 (r, θ) に移しましょう. すると

$$\frac{\partial \varphi}{\partial t} + \frac{1}{2}\left((\frac{\partial \varphi}{\partial r})^2 + \frac{1}{r^2}(\frac{\partial \varphi}{\partial \theta})^2\right) = \frac{k^2}{r} \tag{2.88}$$

となります.

次にこの方程式の 2 個のパラメータ $a = (a_1, a_2)$ を持つ解を探しましょう.

$$\varphi = a_1 t + a_2 \theta + v(r)$$

と仮定して方程式 (2.88) に代入すれば

$$(v')^2 = -2a_1 + \frac{2k^2}{r} - \frac{a_2^2}{r^2}$$

という方程式が得られます. この解として例えば

$$v(r) = \int_{r_0}^{r} \left(-2a_1 + \frac{2k^2}{\rho} - \frac{a_2^2}{\rho^2}\right)^{1/2} d\rho$$

をとります．この解は a にもよりますから $v(r,a)$ と書き

$$\varphi = a_1 t + a_2 \theta + v(r, a)$$

とおきましょう．ここから先を考えてください．

… ハミルトン-ヤコビの理論を適用するんだろうな．

$$b_1 = \frac{\partial \varphi}{\partial a_1} = t + \frac{\partial v}{\partial a_1}, \quad b_2 = \frac{\partial \varphi}{\partial a_2} = \theta + \frac{\partial v}{\partial a_2}$$

から r, θ を求めるのか．書き換えると

$$t - b_1 = \int_{r_0}^{r} \left(-2a_1 + \frac{2k^2}{\rho} - \frac{a_2^2}{\rho^2} \right)^{-1/2} d\rho, \tag{2.89}$$

$$\theta - b_2 = a_2 \int_{r_0}^{r} \rho^{-2} \left(-2a_1 + \frac{2k^2}{\rho} - \frac{a_2^2}{\rho^2} \right)^{-1/2} d\rho \tag{2.90}$$

となるけど，さてどうしよう．

… (2.90) の積分は計算できそうだな．まず $a_2/\rho = \tau$ とおくと

$$a_2 \int_{r_0}^{r} \rho^{-2} \left(-2a_1 + \frac{2k^2}{\rho} - \frac{a_2^2}{\rho^2} \right)^{-1/2} d\rho = -\int_{a_2/r_0}^{a_2/r} \left(-2a_1 + \frac{2k^2 \tau}{a_2} - \tau^2 \right)^{-1/2} d\tau$$

となるんだ．そこで

$$\gamma^2 = \frac{k^4}{a_2^2} - 2a_1, \quad \tau - \frac{k^2}{a_2} = \gamma \sin \psi$$

という変数変換をすれば

$$-2a_1 + \frac{2k^2 \tau}{a_2} - \tau^2 = \gamma^2 \left(1 - \sin^2 \psi \right)$$

となるから上の積分は

$$-\int_{\psi_0}^{\psi} d\psi = -\psi + \psi_0, \quad \gamma \sin \psi = \frac{a_2}{r} - \frac{k^2}{a_2}, \quad \gamma \sin \psi_0 = \frac{a_2}{r_0} - \frac{k^2}{a_2}$$

のように積分できて $\theta - b_2 = \psi_0 - \psi$ となるぞ．

… すると $\psi = \psi_0 + b_2 - \theta$ だから

$$\sin \psi = \sin(\psi_0 + b_2 - \theta) = \frac{1}{\gamma} \left(\frac{a_2}{r} - \frac{k^2}{a_2} \right)$$

となる. これはなんだろう?

… よく計算できますね. $\epsilon = \gamma a_2/k^2$, $C = (a_2/k)^2$ とおけばこれは
$$\frac{C}{r} = 1 + \epsilon \sin \psi$$
となります. これは $0 < \epsilon < 1, \epsilon = 1, \epsilon > 1$ の場合にそれぞれ楕円, 放物線, 双曲線を表しています.

… $r = \sqrt{x^2 + y^2}$, $y = r \sin \psi$ とおくと $C - \epsilon y = r$ だから両辺を 2 乗して $x^2 + (1-\epsilon^2)y^2 + 2C\epsilon y = C^2$. ああ, そうですね.

… γ は実数かな?

… パラメータ a は自由にとれるんだから $\gamma^2 > 0$ となるようにすればいいんだ.

… 条件 (2.83) を確かめた方がいいんじゃないかな?

… そうだな. だけど計算が面倒そうだな.

… 問題 2.11.3 を使ったらどうかしら. $\varphi_\theta = a_2$ で $\varphi_r = (-2a_1 + 2k^2/r - a_2^2/r^2)^{1/2}$ だからこの式を w とおくと

$$\det \begin{pmatrix} \dfrac{\partial^2 \varphi}{\partial r \partial a_1} & \dfrac{\partial^2 \varphi}{\partial r \partial a_2} \\ \dfrac{\partial^2 \varphi}{\partial \theta \partial a_1} & \dfrac{\partial^2 \varphi}{\partial \theta \partial a_2} \end{pmatrix} = \det \begin{pmatrix} \dfrac{\partial w}{\partial a_1} & \dfrac{\partial w}{\partial a_2} \\ 0 & 1 \end{pmatrix} = -\frac{1}{w}$$

となって $w \neq 0$ というところなら OK よ.

問題 2.12.1 1 次元の調和振動子に対応する方程式 $\varphi_t + \varphi_x^2 + x^2 = 0$ にハミルトン-ヤコビの理論を適用せよ.

解 1 個のパラメータ a を含む解 $\varphi = v(x) - at$ を想定して方程式に代入すれば $v_x^2 = a - x^2$ となるから, この解として $v = \int_0^x \sqrt{a - z^2}\, dz$ をとる. $b = \partial \varphi / \partial a$ から
$$2(t+b) = \int_0^x \frac{dz}{\sqrt{a - z^2}} = \arcsin \frac{x}{\sqrt{a}}$$
これより $x(t) = \sqrt{a} \sin(2t + 2b)$ を得る. □

2.13 変数分離

… ヤコビの定理 (定理 2.11.2) によってハミルトン–ヤコビ方程式の完全積分があれば正準方程式の解を逆関数定理を使って求めることができることが分かりました．そこで完全積分を見つける簡単な方法があればいいのですが，前節の例を見て思いつくことがありますか？
… うーん，$n=1$ だったり，回転対称だったりすればいいんでしょうけど．
… そうなんですね．本質的に 1 次元の問題に帰着させるために変数変換をするという考え方があるんです．H が t に依らないとき適当な変数変換 $x \to y$ によって (2.72) が

$$\varphi = -Et + \sum_{i=1}^{n} \varphi_i(y_i) \tag{2.91}$$

という形で解ける場合があります．前の例はみなこうなっています．

ここでは次の問題を考えましょう．平面内の 2 点 $(c,0), (-c,0)$ からの引力の場の中を動く質点に対するニュートンの運動方程式は

$$r_1 = \sqrt{(x_1-c)^2 + x_2^2}, \quad r_2 = \sqrt{(x_1+c)^2 + x_2^2}$$

とおくと $k>0$ を定数として

$$\begin{cases} \dfrac{d^2 x_1}{dt^2} = -k\left(\dfrac{x_1-c}{r_1^3} + \dfrac{x_1+c}{r_2^3}\right), \\ \dfrac{d^2 x_2}{dt^2} = -k\left(\dfrac{x_2}{r_1^3} + \dfrac{x_2}{r_2^3}\right) \end{cases}$$

です．これを正準方程式の形で書くと

$$\frac{dx}{dt} = \frac{\partial H}{\partial p}, \quad \frac{dp}{dt} = -\frac{\partial H}{\partial x}, \quad H = \frac{|p|^2}{2} - \frac{k}{r_1} - \frac{k}{r_2}$$

となります．ハミルトン–ヤコビの偏微分方程式は $u_t + H(x, \nabla_x u) = 0$ ですが，

$$y_1 = r_1 + r_2, \quad y_2 = r_1 - r_2 \tag{2.92}$$

という変数変換をしますと

$$\frac{\partial}{\partial x_1} = \frac{x_1-c}{r_1}\Bigl(\frac{\partial}{\partial y_1} + \frac{\partial}{\partial y_2}\Bigr) + \frac{x_1+c}{r_2}\Bigl(\frac{\partial}{\partial y_1} - \frac{\partial}{\partial y_2}\Bigr),$$

となりますから

$$\frac{1}{2}\left(\left(\frac{\partial u}{\partial x_1}\right)^2 + \left(\frac{\partial u}{\partial x_2}\right)^2\right) = \frac{2y_1^2 - 8c^2}{y_1^2 - y_2^2}\left(\frac{\partial u}{\partial y_1}\right)^2 - \frac{2y_2^2 - 8c^2}{y_1^2 - y_2^2}\left(\frac{\partial u}{\partial y_2}\right)^2$$

$$\frac{\partial}{\partial x_2} = \frac{x_2}{r_1}\left(\frac{\partial}{\partial y_1} + \frac{\partial}{\partial y_2}\right) + \frac{x_2}{r_2}\left(\frac{\partial}{\partial y_1} - \frac{\partial}{\partial y_2}\right)$$

となります.したがってハミルトン‐ヤコビの方程式は

$$\frac{\partial u}{\partial t} + \frac{2y_1^2 - 8c^2}{y_1^2 - y_2^2}\left(\frac{\partial u}{\partial y_1}\right)^2 - \frac{2y_2^2 - 8c^2}{y_1^2 - y_2^2}\left(\frac{\partial u}{\partial y_2}\right)^2 - \frac{4ky_1}{y_1^2 - y_2^2} = 0$$

となります.ここから先を考えてください.

… $\varphi = a_1 t + \varphi_1(y_1) + \varphi_2(y_2)$ という形の解を探すんだろうな.代入すると

$$a_1 + \frac{2y_1^2 - 8c^2}{y_1^2 - y_2^2}\left(\varphi_1'(y_1)\right)^2 - \frac{2y_2^2 - 8c^2}{y_1^2 - y_2^2}\left(\varphi_2'(y_2)\right)^2 - \frac{4ky_1}{y_1^2 - y_2^2} = 0$$

となる.

… これは

$$a_1 y_1^2 + (2y_1^2 - 8c^2)\left(\varphi_1'(y_1)\right)^2 - 4ky_1 = a_1 y_2^2 + (2y_2^2 - 8c^2)\left(\varphi_2'(y_2)\right)^2$$

となるから,左辺は y_1 だけの関数,右辺は y_2 だけの関数.これがつねに等しいんだから定数だ.それを a_2 とおくと

$$\varphi_1'(y_1)^2 = \frac{a_2 - a_1 y_1^2 + 4ky_1}{2(y_1^2 - 4c^2)},$$

$$\varphi_2'(y_2)^2 = \frac{a_2 - a_1 y_2^2}{2(y_2^2 - 4c^2)}$$

となってこの微分方程式を解けばいいんだな.ここからどうしよう.

これらは

$$\varphi(y) = \int_{y_0}^{y} \sqrt{P(z)/Q(z)}\,dz$$

($P(z), Q(z)$ は t の 2 次式)という積分になりますが,これは楕円積分とよばれるものの一つの型でこれ以上簡単な形にはできない,とされています.よく現れる積分なので数値計算がなされています.

… (2.92) という変数変換が鍵だったんだな.

…これは楕円座標系とよばれるもので, $y_1 = $ 定数というのは楕円, $y_2 = $ 定数はそれに直交する双曲線を表します.
…楕円積分や楕円関数ってよく聞くんですけどどういうものなんですか？
…自分は具体的な関数をどのくらい知っているか考えたことがありますか？
…そういわれると, なにかな？ 1 次式, 2 次式, 多項式, 分数式とやってきて, 三角関数, 指数関数, 対数関数までくらいかな.
…大学ではガンマ関数をぜひ覚えておけ, といわれたわ.
…あといくつか特殊関数とよばれるものがあったように思うんですけどほとんど使ったことがないので縁遠い感じです.
…それでいいんですが, 楕円関数も名前を知っておきたい関数のリストに加えておくべきなんですね. 楕円関数が現れる理由を古典力学の中に探すと次のようになります. 1 次元でニュートンの運動方程式を考えます. エネルギー保存則から

$$\frac{m}{2}\left(\frac{dx}{dt}\right)^2 + V(x) = E$$

となります. E はエネルギーで定数です. $x = 0$ がポテンシャルの極小値を与える点だとすると, 質点も $x = 0$ の近くだけを動くだろうと考えられます. その運動を求めるために $x = 0$ の周りでポテンシャルをテーラー展開すると

$$\frac{dx}{dt} = \sqrt{c_0 - c_2 x^2 + c_3 x^3 + \cdots}$$

となりますね. ここで右辺で x の 2 次の項までとると

$$\frac{dx}{dt} = \sqrt{c_0 - c_2 x^2}$$

です. この x はどんな関数だと思いますか？
…どうすればいいのかな. $dt/dx = (c_0 - c_2 x^2)^{-1/2}$ として積分できないか.
…$x(t)$ は三角関数です. 例えば $c_0 = c_1 = 1$ の場合を考えれば $x(t) = \sin t$ が解になるでしょう.

3 次の項までとると

$$\frac{dx}{dt} = \sqrt{c_0 - c_2 x^2 + c_x c x^3}$$

という微分方程式がでてきますが, この方程式の解が楕円関数です.

… すると $x(t)$ を求めようとすると

$$\frac{dt}{dx} = \frac{1}{\sqrt{c_0 - c_2 x^2 + c_x c x^3}}$$

だからこれを積分することになりますね.

… そうです. 一般に $f(w)$ が w の 3 次式, 4 次式のときに

$$z = \int_{w_0}^{w} \frac{dw}{\sqrt{f(w)}}$$

という形の積分を楕円積分とよんでいます. $z = z(w)$ の逆関数が楕円関数ですが, ヤコビはガウス (C. F. Gauss, 1777–1855) やアーベル (N. H. Abel, 1802–1829) と共にこの楕円関数論を大きく発展させた人です. 楕円関数や楕円積分が実際の問題に現れる理由も上のことから分かるでしょう.

第 3 章

解析力学入門

　この章ではハミルトン形式とよばれる古典力学の枠組みを解説します．そこにおける主要な数学的手段は微分形式です．1 次, 2 次の微分形式を必要最低限の道具立てで導入し，1 階偏微分方程式がハミルトン力学の中で果たす役割を明らかにします．

3.1　微分形式

… $\sqrt{-1}$ という数は実在すると思いますか？
… 今までずっと i を使って計算してきたので，いまさら足元を揺るがすようなことを聞かれても困るんですけど．
… たしか初めて習ったときは 2 乗して -1 になる数を考えよう, とだけいってあとは計算の練習をしたように思うんですが．
… そういえば演習のときに $J = \begin{pmatrix} 0 & -1 \\ 1 & 0 \end{pmatrix}$ という行列を考えると $J^2 = -I$ となるから, J は $\sqrt{-1}$ の役割を果たすと説明された記憶があります．
… あ, そうそう. 代数の授業で実数係数の多項式を $x^2 + 1$ で割った余り全体が複素数体だと習いました．だけどなんでわざわざそんなことを考えるのか分かりませんでした．
… それがいい例ですね．数学では, これがあると便利だ, というものを考えるために, それと同じ性質をもつものを知っているものを使って作りだすことがあります. たとえ見かけ上随分違っていても実際にそういうものがあることが納得できるんですね. これからする d の話もそういう類のものです．
… 納得すれば後は気にせずに使っていけばいいのね．

… 大まかに言えば微分とは関数をテーラー展開して 1 次の項を取り出すということです．まず最初の注意なんですが，以後 $\mathbf{R}^n$ の点 x の座標を $(x^1,\cdots,x^n)$ のように右肩に添え字をつけて表します．こうすると便利であることが経験上分かっているんです．

$$A = C^\infty(\mathbf{R}^n; \mathbf{R})$$

を $\mathbf{R}^n$ 上の実数値 C^∞ 関数全体とします．A は algebra (代数) の頭文字です．ring (環) ということもあります．これらの言葉については代数の教科書をみてください．A の元同士は足し算，引き算，掛け算ができることに注意してください．

$\mathbf{R}^n$ の点 $p = (p^1,\cdots,p^n)$ を固定し次のような A の部分集合を考えます．

$$I_p = \{f \in A\,;\, f(p) = 0\},$$
$$I_p^2 = \left\{\sum_{i=1}^m f_i g_i\,;\, f_i, g_i \in I_p,\ m \geq 1\right\}$$

I_p^2 は I_p の元を 2 個以上かけたものの有限和（和の個数はなんでもよい）です．I は ideal の頭文字のつもりです．次の補題は証明しなくても分かるでしょう．

補題 3.1.1 次が成り立つ．
 (1) $f, g \in I_p,\ a, b \in A \Longrightarrow af + bg \in I_p$
 (2) $f, g \in I_p^2,\ a, b \in A \Longrightarrow af + bg \in I_p^2$

… ベクトル部分空間の定義に似ているな．

… ベクトル空間のときは A は体だったけど，今は A は環で割り算ができないんだな．

補題 3.1.2 任意の $f \in A$ に対して $f_i \in A\ (i = 1,\cdots,n)$ が存在し

$$f(x) - f(p) = \sum_{i=1}^n f_i(x)(x^i - p^i) \tag{3.1}$$

が成り立つ．$(f_1(p),\cdots,f_n(p))$ は $f(x)$ から一意的に定まる．

証明 $g(t) = f(p + t(x-p))$ とおけば

$$f(x) - f(p) = \int_0^1 g'(t)dt = \sum_{i=1}^n (x^i - p^i) \int_0^1 \frac{\partial f}{\partial x^i}(p + t(x-p))dt$$

であるから $f_i(x) = \int_0^1 \frac{\partial f}{\partial x^i}(p + t(x-p))dt$ とおけばよい. (3.1) の両辺を x^i で微分して $x = p$ とおけば

$$f_i(p) = \frac{\partial f}{\partial x^i}(p) \tag{3.2}$$

が得られる. □

… 先ほど多項式を $x^2 + 1$ で割った余りを考える, という話がでてきましたが, これからやるのも同じような計算です. I_p^2 の元がでてきたら 0 とみなすという計算をします.

補題 3.1.2 から (各 $f_i(x)$ に補題 3.1.2 を用いれば) 次のことが分かります. 任意の $f(x) \in C^\infty(\mathbf{R}^n)$ に対して一意的に定数 $a_1, \cdots, a_n$ が定まり

$$f(x) - f(p) - \sum_{i=1}^n a_i(x^i - p^i) \in I_p^2$$

が成り立つ. ところで $f(x) - f(p) \in I_p$ ですから, この式は I_p^2 の元を 0 とみなせば $f(x) - f(p)$ は I_p においては $\sum_{i=1}^n a_i(x^i - p^i)$ という一次式であることを意味しています. そこでこの一次式を $d_p f$ と書き $f(x)$ の $x = p$ における**微分**とよぶことにします. 特に $f(x) = x^i$ ととれば

$$d_p x^i = x^i - p^i \tag{3.3}$$

です. したがって任意の $f(x) \in C^\infty(\mathbf{R}^n)$ に対して

$$d_p f = \sum_{i=1}^n \frac{\partial f}{\partial x^i}(p) d_p x^i \tag{3.4}$$

となります.

… I_p^2 の元を 0 とみなす, というのは具体的にはどういうことでしょう?
… A の中で足し算, 引き算, 掛け算の他に次のような計算規則を新たに設けます.

$$f(x) \equiv g(x) \iff f(x) - g(x) \in I_p^2$$

すると

$$f_1(x) \equiv g_1(x), \quad f_2(x) \equiv g_2(x)$$
$$\implies \quad f_1(x) \pm f_2(x) \equiv g_1(x) \pm g_2(x), \quad f_1(x)f_2(x) \equiv g_1(x)g_2(x)$$

となります. A にこのような計算規則を付け加えたものを A/I_p^2 と書きます. また I_p は係数体を実数体にとることによってベクトル空間になりますが, I_p に上の計算規則 $\equiv$ を付け加えたベクトル空間を I_p/I_p^2 と書きます. すると $x^i - p^i$ $(i=1,\cdots,n)$ が I_p/I_p^2 の基底をなします. この基底を $d_p x^i$ とする, というのが微分の定義です.

… これは結局テーラー展開の 2 次以上の項を無視する, ということでしょう. 無限小という言葉を使わないけどやっていることはいままでの説明と同じじゃないかしら.

… なにか肯定的な見方ができないだろうか. 実際に使う計算規則はこれだけだ, という考え方のエッセンスを抜き出したんじゃないかな. $\sqrt{-1}$ だってこういう論法で目の前に作ってみせたんだから.

… 重要な注意をします. 通常は (3.4) において考えている点 p を省略し

$$df(x) = \sum_{i=1}^n \frac{\partial f}{\partial x^i}(x) dx^i \tag{3.5}$$

と略記します. このとき $df(x)$ と $\frac{\partial f}{\partial x^i}(x)$ の変数 x は, 点 $x \in \mathbf{R}^n$ において微分しようとしていることを表しますが, dx^i の x はこの x ではなく, $\mathbf{R}^n$ の座標を与える関数 (あるいは変数とよぶのがよいかもしれない) という意味です. $\mathbf{R}^n$ の各点の座標と座標を与える関数 (変数) には同じ記号を用いることが多いので, 混乱しないよう注意しなくてはなりません.

(3.5) を考慮して, 一般に $a_i(x) \in C^\infty(\mathbf{R}^n)$ $(i=1,\cdots,n)$ に対して

$$\sum_{i=1}^n a_i(x) dx^i \tag{3.6}$$

を 1 次の微分形式, あるいは簡略に **1-形式** (1-form) とよびます. ここで dx^i はベクトル空間 I_x/I_x^2 の基底です. 言い換えると (3.6) は $x \in \mathbf{R}^n$ を定めるごとに I_x/I_x^2 の元 $\sum_{i=1}^n a_i(x) dx^i$ を与えるベクトル値関数です. またベクトル空間 I_x/I_x^2 を $T_x^*(\mathbf{R}^n)$ で表します.

3.2　微分形式と接ベクトル場

…　前節とは異なるベクトル値関数の作り方があります．それは $\mathbf{R}^n$ の各点ごとに微分する方向を指定するというものです．$\mathbf{R}^n$ の点 p と p を始点とするベクトル $v(p) = (v^1(p), \cdots, v^n(p))$ を固定します．$\mathbf{R}^n$ 内の曲線 $c(t)$ で $c(0) = p$, $c'(0) = v(p)$ となるものをとります．このとき $f(x) \in C^\infty(\mathbf{R}^n)$ に対して

$$\left.\frac{d}{dt} f(c(t))\right|_{t=0} = \sum_{i=1}^n v^i(p) \frac{\partial f}{\partial x^i}(p)$$

が f の p における $v(p)$ 方向からの微分です．右辺で f は任意の関数ですから p において $v(p)$ 方向から微分するという操作を

$$\sum_{i=1}^n v^i(p) \left(\frac{\partial}{\partial x^i}\right)_p$$

という記号（微分作用素）の形で表すことができます．ここで $\left(\frac{\partial}{\partial x^i}\right)_p$ は点 p において変数の第 i 成分に関して偏微分するという意味です．通常はこれを

$$\sum_{i=1}^n v^i(x) \frac{\partial}{\partial x^i} \tag{3.7}$$

と表します．ここで $v^i(x)$ の x は微分しようとしている点を表しています．

…　方向微分として習ったな．ここまでは OK だ．

…　ここで話を飛躍させましょう．(3.7) は x ごとに $\mathbf{R}^n$ のベクトル空間の元を与え $\frac{\partial}{\partial x^i}$ ($i = 1, \cdots, n$) はこのベクトル空間の基底を表している，と考えます．

…　ちょっと待ってください．$v(x) = (v^1(x), \cdots, v^n(x))$ をベクトルと思うのはいいんですけど，偏微分の記号までベクトルと思うのはちょっと．

…　偏微分記号を基底として使うのには理由があります．x から y に変数変換したときに

$$\frac{\partial}{\partial y^j} = \sum_{i=1}^n \frac{\partial x^i}{\partial y^j} \frac{\partial}{\partial x^i} \tag{3.8}$$

となりますが，このような基底の変換を今後たくさん使います．変換法則を覚えなくてもすむのでとても便利なのです．ここのところは先の便宜のためにこうしている，と思ってください．(3.7) のベクトルが作るベクトル空間を x における $\mathbf{R}^n$ の**接空間** (tangent space) とよび，$T_x(\mathbf{R}^n)$ で表します．

··· 前に曲面の接空間というのをやりましたけど,それと関係があるんですか？
··· 前に考えたのは $\mathbf{R}^n$ の中の m 次元曲面のパラメータ表示で $m=n-1$ の場合です．ここでは $m=n$ の場合を考えていると思ってください．変数変換する，というのはパラメータの取り方を変えることです．
··· $\mathbf{R}^n$ 内の点 x における接空間というのは $\mathbf{R}^n$ なんですね．
··· そうです．第 1 章第 2 節の図 1.2 の $X-Y$ 平面は点 (a,b) における $\mathbf{R}^2$ の接平面なんです．こういう話が数学としてしっかりしたものだということを示すために次の定理を述べます．証明は幾何学の本で探してください．

定理 3.2.3 p を $\mathbf{R}^n$ の点とする．$C^\infty(\mathbf{R}^n;\mathbf{R})$ から $\mathbf{R}$ への線形写像 v が

$$v(fg) = v(f)g(p) + f(p)v(g), \quad \forall f,g \in C^\infty(\mathbf{R}^n) \tag{3.9}$$

を満たすとき,v を p における $\mathbf{R}^n$ の接ベクトルという．p における接ベクトル全体 $T_p(\mathbf{R}^n)$ は n 次元のベクトル空間をなす．さらに $v \in T_p(\mathbf{R}^n)$ に対して $v^1,\cdots,v^n \in \mathbf{R}$ が一意的に存在し,v は

$$v = \sum_{i=1}^n v^i \left(\frac{\partial}{\partial x^i}\right)_p$$

という微分作用素で表される．

··· いままで p を固定して p における 1-形式

$$\sum_{i=1}^n a_i(p) d_p x^i$$

や接ベクトル

$$\sum_{i=1}^n b_i(p) \left(\frac{\partial}{\partial x^i}\right)_p$$

を考えてきたんですが,これからは p を動かしてこれらを p の関数として考えます．前の言い方を使えば場 (field) を考えるんです．どちらもベクトルに値をとる関数だからベクトル場といいたくなるんですが,習慣上

$$v = \sum_{i=1}^n b^i(x) \frac{\partial}{\partial x^i} \tag{3.10}$$

を**ベクトル場** (vector field),

$$\omega = \sum_{i=1}^{n} a_i(x) dx^i \tag{3.11}$$

を **1-形式** (1-form) といっています.

… 1 点 p における 1-形式も 1-形式場も共に 1-形式とよばれているんですね.

… そうです. 特にベクトル場といえば (3.10) を念頭においていることが非常に多いので注意してください.

… ところで上の記号を見れば微分 $d_p x^i$ と微分作用素 $\left(\frac{\partial}{\partial x^i}\right)_p$ の間に

$$\left\langle \left(\frac{\partial}{\partial x^i}\right)_p, d_p x^j \right\rangle = \delta_i^j \tag{3.12}$$

という積を定義するのは自然でしょう. ここで右辺は δ_i の j 乗ではなくて, $i = j$ のときは 1, $i \neq j$ のときは 0 というクロネッカーの記号です. さらにベクトル場と微分形式の間に

$$\left\langle \sum_{i=1}^{n} b^i(x) \frac{\partial}{\partial x^i}, \sum_{j=1}^{n} a_j(x) dx^j \right\rangle = \sum_{i=1}^{n} b^i(x) a_i(x) \tag{3.13}$$

という積を定義するのも自然です. 左辺は

$$\left\langle \sum_{j=1}^{n} a_j(x) dx^j, \sum_{i=1}^{n} b^i(x) \frac{\partial}{\partial x^i} \right\rangle$$

のように順序を変えて書くこともあります.

… いろんな記号がだんだん当たり前に見えてくるんだな. 上手いもんだな.

… 念のために伺いますけど, この積は普通の数を与えるんですね.

… そうです. そこを言い忘れました. 点 x における接空間 $T_x(\mathbf{R}^n)$ はベクトル空間で, 上の積によって微分形式は $T_x(\mathbf{R}^n)$ の元に実数を与える線形写像になります. このような線形写像の全体を双対空間といいます. 一般にベクトル空間 V の双対空間を V^* で表します. そこで x における 1-形式全体を**双対接空間**といいます. **余接空間** (cotangent space) ということもあります. 第 1 節で $T_x^*(\mathbf{R}^n)$ という記号を用いたのはこのためです.

3.3 共変ベクトルと反変ベクトル

… いま気づいたんですけど (3.9) って第 1 章第 2 節にでてきたライプニッツの式 $d(fg) = (df)g + f(dg)$ と同じじゃないですか？

… あ, そうだな. 同じ計算だしどちらも微分に関係してる. でも片方は dx^i でもう一方は $\partial/\partial x^i$ と書いてあって, この辺はどうなってるんだろ.

… いいところに気がつきました. その説明をしたいんですが, その前に覚えておくべき計算の仕方のお話をします. 上で述べた微分形式や接ベクトル場の記法で係数の添え字に規則性を持たせていました. b^i のように右上に添え字がついたとき上付き, a_i のように右下に付いたときに下付きといいます. ところでこれから $\sum_{i=1}^{n}$ という和において上付きと下付きの添え字が同時に現れる場合があります. そこでこのような場合には $\sum_{i=1}^{n}$ という総和記号を省略することにします. すなわち

$$\sum_{i=1}^{n} a_i b^i = a_i b^i$$

のような書き方をするのです. 小さな工夫のようですがこのために式を書くのが随分楽になります. 微分幾何における計算の中で添え字に関する和を考えることは非常に多く, 式を簡便にすることは重要なのです.

… これはアインシュタイン (A. Einstein, 1879–1955) が始めた計算の仕方だ, と教わったことがあるわ. なんだか高級な計算をするみたいで楽しい.

… $a_i dx^i$ という微分形式が与えられたとします. 上にいったとおりこれは $\sum_{i=1}^{n} a_i dx^i$ のことですよ. さて $x = (x_1, \cdots, x_n)$ から $\overline{x} = (\overline{x}_1, \cdots, \overline{x}_n)$ という変数変換をしたときにこの微分形式はどうなるか計算してください. ただし $\overline{x}$ は x の複素共役という意味ではありません.

… $a_i dx^i = \overline{a}_i d\overline{x}^i$ となったときに a_i と $\overline{a}_i$ の関係をだすんだろうな.

$$a_i dx^i = a_i \frac{\partial x^i}{\partial \overline{x}^j} d\overline{x}^j$$

だから

$$\overline{a}_j = a_i \frac{\partial x^i}{\partial \overline{x}^j} \tag{3.14}$$

かな.

… どう計算したのかよく分からん.

… まず dx^i を

$$dx^i = \frac{\partial x^i}{\partial \overline{x}^j} d\overline{x}^j = \sum_{j=1}^{n} \frac{\partial x^i}{\partial \overline{x}^j} d\overline{x}^j \tag{3.15}$$

としておけば

$$\sum_{i=1}^{n} a_i dx^i = \sum_{j=1}^{n} \left(\sum_{i=1}^{n} a_i \frac{\partial x^i}{\partial \overline{x}^j} \right) d\overline{x}^j = \sum_{j=1}^{n} \overline{a}_j d\overline{x}^j$$

となって $d\overline{x}^j$ の係数を比べると (3.14) となるだろう.

… 接ベクトル場 $b^i \frac{\partial}{\partial x^i}$ を変数変換した式も計算してください.

… $b^i \frac{\partial}{\partial x^i} = \overline{b}^i \frac{\partial}{\partial \overline{x}^i}$ とすると

$$\overline{b}^j \frac{\partial}{\partial \overline{x}^j} = b^i \frac{\partial}{\partial x^i} = b^i \frac{\partial \overline{x}^j}{\partial x^i} \frac{\partial}{\partial \overline{x}^j}$$

から

$$\overline{b}^j = b^i \frac{\partial \overline{x}^j}{\partial x^i} \tag{3.16}$$

となるのか.

… (3.14) と (3.16) をよく見てください. 微分してでてくる係数で変数変換のときに異なる法則に従うものがあるんです. 一般に変数変換 $x \to \overline{x}$ によってその成分が (3.14) のように変換されるベクトルを**共変ベクトル** (covariant vector), (3.16) のように変換されるベクトルを**反変ベクトル** (contravariant vector) とよんでいます. また $\partial x^i / \partial \overline{x}^j$ の i は上付き, j は下付きです.

$$\boxed{\text{下付きの添え字} = \text{共変ベクトル} : \overline{a}_j = a_{\boxed{i}} \frac{\partial x^{\boxed{i}}}{\partial \overline{x}^j}}$$

$$\boxed{\text{上付きの添え字 = 反変ベクトル}: \bar{b}^j = b^{\boxed{i}}\frac{\partial \bar{x}^j}{\partial x^{\boxed{i}}}}$$

をよく覚えておいてください．微分形式の係数は共変ベクトル，接ベクトルの係数は反変ベクトルです．このような共変性，反変性が自動的に分かるように微分形式や接ベクトルの記号が工夫されているんです．同じようにして共変テンソル，反変テンソル，混合テンソルが定義されます．

ここで一つ注意なんですが

この本ではアインシュタインの既約はことわってから使う

ことにします．次の節から $\sum_{i<j}$ という和がでてきますので，上付き，下付きの添え字がでてきても和をとる範囲が $1 \leq i, j \leq n$ でない場合があるからです．アインシュタインの既約は便利ですので自分で紙の上で計算するときに大いに使ってください．

3.4 ベクトルの外積

⋯ n-次元ベクトル $\xi = (\xi_1, \cdots, \xi_n)$, $\eta = (\eta_1, \cdots, \eta_n)$ の積としてどんなものを知っていますか？

⋯ まず内積

$$\xi \cdot \eta = \xi_1 \eta_1 + \cdots + \xi_n \eta_n$$

がありますね．

⋯ $n = 2, 3$ のときにはベクトル積

$$\xi \times \eta = \begin{cases} \xi_1 \eta_2 - \xi_2 \eta_1, & n = 2 \\ (\xi_2 \eta_3 - \xi_3 \eta_2, \xi_3 \eta_1 - \xi_1 \eta_3, \xi_1 \eta_2 - \xi_2 \eta_1), & n = 3 \end{cases}$$

があります．

⋯ このベクトル積は $n \geq 4$ の場合にも定義され，**外積** (exterior product) とよ

ばれています. 外積は上のように成分表示で書くよりも計算の仕組みを理解することが重要です. それはとても簡単なのです.

n 次元実ベクトル空間 V があるとします. $V \ni \xi, \eta$ に対してその外積 $\xi \wedge \eta$ とは

$$\xi \wedge \eta = -\eta \wedge \xi, \tag{3.17}$$

$$(\alpha \xi + \beta \eta) \wedge \zeta = \alpha \xi \wedge \zeta + \beta \eta \wedge \zeta, \quad \alpha, \beta \in \mathbf{R} \tag{3.18}$$

という性質を持つような新たなベクトルのことです. V の基底を $\mathbf{e}^1, \cdots, \mathbf{e}^n$ とすると $\xi = \sum_{i=1}^n \xi_i \mathbf{e}^i$, $\eta = \sum_{j=1}^n \eta_j \mathbf{e}^j$ です. (3.17) より $\mathbf{e}^i \wedge \mathbf{e}^j = -\mathbf{e}^j \wedge \mathbf{e}^i$ ですから

$$\xi \wedge \eta = \sum_{i<j} (\xi_i \eta_j - \xi_j \eta_i) \mathbf{e}^i \wedge \mathbf{e}^j \tag{3.19}$$

となります. したがって

$$\mathbf{e}^i \wedge \mathbf{e}^j, \quad 1 \leq i < j \leq n$$

が外積によって作られたベクトル空間の基底になります. というよりもこれらが基底になるようなベクトル空間が存在する, という方が正しいですね. この空間を $\bigwedge^2 V$ と書きます. その次元は

$$\dim \bigwedge^2 V = \binom{n}{2} = \frac{n(n-1)}{2} \tag{3.20}$$

です. (3.17) で $\xi = \eta$ とすると $\xi \wedge \xi = -\xi \wedge \xi$ ですから

$$\xi \wedge \xi = 0 \tag{3.21}$$

となることに注意してください.

… V が $\mathbf{R}^2$ や $\mathbf{R}^3$ のときはベクトル積と同じなんですか？
… そうなんです. 確かめてください.
… $n = 2$ のときは $\mathbf{e}^1 = (1,0), \mathbf{e}^2 = (0,1)$ ととると, 外積の基底は $\mathbf{e}^1 \wedge \mathbf{e}^2$ しかないな. これは具体的にどういうものか分からないな. だけど (3.19) から

$$\xi \wedge \eta = (\xi_1 \eta_2 - \xi_2 \eta_1) \mathbf{e}^1 \wedge \mathbf{e}^2 \tag{3.22}$$

となって係数はベクトル積と同じだな.

… $n=3$ のときは $\mathbf{e}^1=(1,0,0), \mathbf{e}^2=(0,1,0), \mathbf{e}^3=(0,0,1)$ として

$$\xi\wedge\eta = (\xi_1\eta_2-\xi_2\eta_1)\mathbf{e}^1\wedge\mathbf{e}^2+(\xi_2\eta_3-\xi_3\eta_2)\mathbf{e}^2\wedge\mathbf{e}^3+(\xi_3\eta_1-\xi_1\eta_3)\mathbf{e}^3\wedge\mathbf{e}^1 \quad (3.23)$$

となるから, あ, そうか,

$$\mathbf{e}^1\wedge\mathbf{e}^2=\mathbf{e}^3, \quad \mathbf{e}^2\wedge\mathbf{e}^3=\mathbf{e}^1, \quad \mathbf{e}^3\wedge\mathbf{e}^1=\mathbf{e}^2 \quad (3.24)$$

となっているんじゃないかな？

… それでいいんです. (3.24) のように定義すれば $n=3$ の場合の外積が定義できたことになります. $n=2$ のときは $\mathbf{e}^1\wedge\mathbf{e}^2=1$ とおけばいいんです.

… $n\geq 4$ も同じようにしてできるんですか？

… 次のようなアイディアがあります. $V=\mathbf{R}^n$ の場合に示しましょう. $\mathbf{R}^n\ni\xi=(\xi_1,\cdots,\xi_n), \eta=(\eta_1,\cdots,\eta_n)$ に対して $\mathbf{R}^n\times\mathbf{R}^n$ 上の実数値関数

$$\mathbf{R}^n\times\mathbf{R}^n\ni(v,w)\to T_{\xi,\eta}(v,w)\in\mathbf{R}$$

を次の式で定義します：

$$T_{\xi,\eta}(v,w) = \det\begin{pmatrix} \langle\xi,v\rangle & \langle\eta,v\rangle \\ \langle\xi,w\rangle & \langle\eta,w\rangle \end{pmatrix} \quad (3.25)$$

ただし $v=(v^1,\cdots,v^n)\in\mathbf{R}^n$ に対して

$$\langle\xi,v\rangle = \xi_1 v^1+\cdots+\xi_n v^n$$

です. $T_{\xi,\eta}(v,w)$ は v, w に関してそれぞれ線形な写像です. このような性質を**双線形**といいます. $\mathbf{R}^n\times\mathbf{R}^n$ 上の双線形写像全体はベクトル空間をなしています. ξ,η を与えるごとに定まったこの双線形写像を $\xi\wedge\eta$ と書くことにしましょう：

$$(\xi\wedge\eta)(v,w) = \det\begin{pmatrix} \langle\xi,v\rangle & \langle\eta,v\rangle \\ \langle\xi,w\rangle & \langle\eta,w\rangle \end{pmatrix} \quad (3.26)$$

行列式の性質から

$$(\xi\wedge\eta)(v,w) = -(\eta\wedge\xi)(v,w), \quad \forall v,w\in\mathbf{R}^n$$

ですから双線形写像として (3.17), (3.18) は満たされています. $\mathbf{e}^1 = (1, 0, \cdots, 0)$, $\cdots, \mathbf{e}^n = (0, \cdots, 0, 1)$ とすれば

$$\left(\mathbf{e}^i \wedge \mathbf{e}^j\right)(v, w) = v^i w^j - v^j w^i \tag{3.27}$$

です. $\mathbf{e}^i \wedge \mathbf{e}^j$, $1 \leq i < j \leq n$, が一次独立であることを証明してください.

… $\sum_{i<j} c_{ij} \mathbf{e}^i \wedge \mathbf{e}^j = 0$ と仮定して $c_{ij} = 0$ を示せばいいんだな. 線形写像として 0 なんだから任意の $v, w \in \mathbf{R}^n$ に対して $\sum_{i<j} c_{ij} \mathbf{e}^i \wedge \mathbf{e}^j (v, w) = 0$. そこで (3.27) を使うと

$$\sum_{i<j} c_{ij} \left(v^i w^j - v^j w^i\right) = 0.$$

v, w は任意にとれるんだから $k < \ell$ を固定して $v^k = 1, v^i = 0$ $(i \neq k)$, $w^\ell = 1, w^j = 0$ $(j \neq \ell)$ とおけばどうなるか.

… $i = k, j = \ell$ 以外では $v^i w^j = 0$ だな. $j \neq k$ では $w^i v^j = 0$ で $j = k$ なら $i < j = k$ だから $w^i v^j = 0$. すると残るのは $v^k w^\ell = 1$ だけだから $c_{k\ell} = 0$. よって $\mathbf{e}^i \wedge \mathbf{e}^j$ $(1 \leq i < j \leq n)$ は一次独立である. 証明できました.

… 同様にして $V \ni \xi, \eta, \zeta$ に対して外積 $\xi \wedge \eta \wedge \zeta$ を考えることができます. この 3 重の外積は ξ, η, ζ に関してそれぞれ線形で, 任意の 2 つを入れ替えればマイナスがつきます. 例えば

$$\xi \wedge \eta \wedge \zeta = -\eta \wedge \xi \wedge \zeta = \eta \wedge \zeta \wedge \xi$$

等が成り立っています. 次の問題は上の議論と同様にすればできますからやってみてください.

問題 3.4.1 $\mathbf{R}^n \ni \xi, \eta, \zeta$ $(n \geq 3)$ に対して

$$(\xi \wedge \eta \wedge \zeta)(u, v, w) = \det \begin{pmatrix} \langle \xi, u \rangle & \langle \eta, u \rangle & \langle \zeta, u \rangle \\ \langle \xi, v \rangle & \langle \eta, v \rangle & \langle \zeta, v \rangle \\ \langle \xi, w \rangle & \langle \eta, w \rangle & \langle \zeta, w \rangle \end{pmatrix}$$

とおけば 3 重線形写像 $\mathbf{R}^n \times \mathbf{R}^n \times \mathbf{R}^n \ni (u, v, w) \to (\xi \wedge \eta \wedge \zeta)(u, v, w)$ は外積の性質を持つことを示せ.

任意個数のベクトルの外積

$$\underbrace{\xi \wedge \cdots \wedge \eta \wedge \cdots \wedge \zeta}_{p}$$

も同様にして考えることができますが $p \geq n+1$ のときこれは 0 になります.

問題 3.4.2 $\mathbf{R}^n$ の $n+1$ 個の元の外積は 0 であることを示せ.

解 各ベクトルを基底 $\mathbf{e}^1, \cdots, \mathbf{e}^n$ で展開することにより基底の $n+1$ 個の外積は 0 であることを示せばよい. $\Omega = \mathbf{e}^{i_1} \wedge \cdots \wedge \mathbf{e}^{i_{n+1}}$ に現れる基底のうちどれか 2 つは同じものである. それらを e^k とすると入れ替えていくことにより $\Omega = \pm \mathbf{e}^k \wedge \mathbf{e}^k \wedge \cdots = 0$ となる. □

3.5 微分形式の演算

$\cdots$ $\mathbf{R}^n \ni p$ に対してベクトル空間 $T_p^*(\mathbf{R}^n)$ を考えていました. すると $\alpha, \beta \in T_p^*(\mathbf{R}^n)$ の外積:$\alpha \wedge \beta \in \bigwedge^2 T_p^*(\mathbf{R}^n)$ を考えることができます. 基底で展開すればそれは

$$\sum_{1 \leq i < j \leq n} a_{ij}(p)(d_p x^i) \wedge (d_p x^j)$$

という形に書けます. ここで p の代わりに x と書いて $d_p x^i$ の p を省略すると

$$\sum_{1 \leq i < j \leq n} a_{ij}(x) dx^i \wedge dx^j \tag{3.28}$$

という式ができます. これを 2 次の微分形式, あるいは **2-形式** (2-form) とよびます. 2 つの 1-形式 $\sum_{i=1}^{n} a_i(x) dx^i$, $\sum_{i=1}^{n} b_j(x) dx^j$ の外積は

$$(\sum_{i=1}^{n} a_i(x) dx^i) \wedge (\sum_{i=1}^{n} b_j(x) dx^j) = \sum_{i<j}(a_i(x)b_j(x) - a_j(x)b_i(x))dx^i \wedge dx^j$$

のように計算されます.

$\cdots$ x も動かして考えるんですね.

$\cdots$ そうです. 前の言葉を使えばこれは一種の場なんですね. ただ x ごとにその値が x に依存する空間 $\bigwedge^2 T_x^*(\mathbf{R}^n)$ であることが普通の場と少し違います. し

かし今の場合は $\bigwedge^2 T_x^*(\mathbf{R}^n)$ が異なる x に対しても数学でいう同型ですのでその辺は問題にならないんです.

… 前節では外積を双線形写像で定義したんですけど, $dx^i \wedge dx^j$ も双線形写像: $T_x^*(\mathbf{R}^n) \times T_x^*(\mathbf{R}^n) \to \mathbf{R}^n$ と考えるんですか？

… そう思ってもいいんですが, $dx^i \wedge dx^j$ の実態はなにか, と考えるよりも計算の規則の方が重要だと思います. 前節では, そのような計算規則に従うものが存在しているということを示した, と思ってください. 同じようにして k-形式

$$\sum_{1 \leq i_1 < \cdots < i_k \leq n} a_{i_1 \cdots i_k}(x) dx^{i_1} \wedge \cdots \wedge dx^{i_k}$$

が定義されます. 特に $\mathbf{R}^n$ 上の関数を **0-形式** (0-form) とよびます.

問題 3.5.1 $k \geq n+1$ のとき $\mathbf{R}^n$ 上の k-形式は 0 であることを示せ.

解 問題 3.4.2 を使えばよい. □

… 微分形式に関する演算で大事なのは外積と次にいう**外微分** (exterior differential) です. まず 0-形式 $f(x)$ の外微分 df を

$$df = \sum_{i=1}^n \frac{\partial f}{\partial x^i}(x) dx^i \tag{3.29}$$

によって定義します. これは関数 $f(x)$ の全微分と同じです. 同じように 1-形式

$$\omega = \sum_{j=1}^n a_j(x) dx^j$$

から 2-形式 $d\omega$ を次のように作ります:

$$\begin{aligned} d\omega &= \sum_{j=1}^n (da_j) \wedge dx^j = \sum_{j=1}^n \left(\sum_{i=1}^n \frac{\partial a_j}{\partial x^i} dx^i \right) \wedge dx^j \\ &= \sum_{i<j} \left(\frac{\partial a_j}{\partial x^i} - \frac{\partial a_i}{\partial x^j} \right) dx^i \wedge dx^j. \end{aligned} \tag{3.30}$$

一般に k-形式の外微分を

$$d\Big(\sum_{i_1 < \cdots < i_k} a_{i_1 \cdots i_k} dx^{i_1} \wedge \cdots \wedge dx^{i_k} \Big) = \sum_{i_1 < \cdots < i_k} (da_{i_1 \cdots i_k}) \wedge dx^{i_1} \wedge \cdots \wedge dx^{i_k}$$

によって定義します. 次の公式が非常に重要です.

> 任意の k-形式 ω に対して $d^2\omega = d(d\omega) = 0$

計算が長くなりますので一般の場合はやりませんが, 0-形式 $f(x)$ に対して $d^2f = 0$ を示してください.

… $df = \sum_{j=1}^{n} \frac{\partial f}{\partial x^j} dx^j$ だから $a_j = \frac{\partial f}{\partial x^j}$ とおいて (3.30) を使うと,

$$\frac{\partial a_j}{\partial x^i} - \frac{\partial a_i}{\partial x^j} = \frac{\partial^2 f}{\partial x^i \partial x^j} - \frac{\partial^2 f}{\partial x^j \partial x^i} = 0$$

だから OK か.

… 0-形式 f に対して $\omega = df$ という 1-形式は $d\omega = 0$ を満たすことが分かりました. じつはこの逆が重要なんです. 1-形式 ω が $d\omega = 0$ を満たすときある 0-形式 f に対して $\omega = df$ となるか, というのが問題なんですが, これは一般には成り立たないんです. 興味深いことにそれは考えている領域の形に大きく関係します. ここでは考えやすい領域に限定してお話しましょう.

$\mathbf{R}^n$ の中に領域 D があるとします. D の中に一つの点 P をとります. D が P に対して**星型** (star shaped) であるとは任意の点 $Q \in D$ に対して P と Q を両端とする線分が D の中に含まれることと定義します. 例えば球や立方体はその中の任意の点に関して星型です. ドーナツみたいなものは星型ではありません.

定理 3.5.2 $\mathbf{R}^n$ の中の領域 D がある点に関して星型とする. このとき 1-形式 ω が D 上で $d\omega = 0$ を満たせば 0-形式 f が存在し, D 上で $\omega = df$ と書ける.

証明 D を原点としてよい. $\omega = \sum_{i=1}^{n} a_i(x) dx^i$ とおけば $d\omega = 0$ より

$$\frac{\partial a_i}{\partial x^j} - \frac{\partial a_j}{\partial x^i} = 0 \tag{3.31}$$

である. $x \in D$ と $0 \leq t \leq 1$ に対して $tx \in D$ であることに注意して

$$f(x) = \sum_{j=0}^{n} \int_0^1 x^j a_j(tx) dt$$

とおく. (3.31) によって

$$\sum_j x^j \frac{\partial}{\partial x^i} a_j(tx) = \sum_j x^j t(\frac{\partial a_i}{\partial x^j})(tx) = t\frac{d}{dt} a_i(tx)$$

であるから

$$\frac{\partial f}{\partial x^i} = \int_0^1 a_i(tx)dt + \int_0^1 t\frac{d}{dt}a_i(tx)dt = a_i(x) \qquad \square$$

問題 3.5.3 1-形式 ω に対して $d^2\omega = d(d\omega) = 0$ を示せ.

解 ω が単項式の場合, すなわち $\omega = a(x)dx^i$ の場合に示せばよい.

$$d^2\omega = \sum_{j,k} \frac{\partial^2 a}{\partial x^j \partial x^k} dx^k \wedge dx^j \wedge dx^i$$

である. ここで j と k を入れ替えれば $dx^k \wedge dx^j \wedge dx^i = -dx^j \wedge dx^k \wedge dx^i$ であるが $\frac{\partial^2 a}{\partial x^j \partial x^k}$ は変わらないから $d\omega = 0$ である. $\qquad \square$

3.6 微分形式の積分

… 微分形式ってベクトル解析の講義で少し習ったんですけど.
… そうなんですね. $n = 3$ のときには

$$df = \frac{\partial f}{\partial x^1}dx^1 + \frac{\partial f}{\partial x^2}dx^2 + \frac{\partial f}{\partial x^3}dx^3,$$

$$d(a_1 dx^1 + a_2 dx^2 + a_3 dx^3)$$
$$= (\frac{\partial a_3}{\partial x^2} - \frac{\partial a_2}{\partial x^3})dx^2 \wedge dx^3 + (\frac{\partial a_1}{\partial x^3} - \frac{\partial a_3}{\partial x^1})dx^3 \wedge dx^1$$
$$+ (\frac{\partial a_2}{\partial x^1} - \frac{\partial a_1}{\partial x^2})dx^1 \wedge dx^2,$$

$$d(a_1 dx^2 \wedge dx^3 + a_2 dx^3 \wedge dx^1 + a_3 dx^1 \wedge dx^2)$$
$$= (\frac{\partial a_1}{\partial x^1} + \frac{\partial a_2}{\partial x^2} + \frac{\partial a_3}{\partial x^3})dx^1 \wedge dx^2 \wedge dx^3$$

となってベクトル解析の gardient, rotation, divergence に対応します. また $d^2 = 0$ から種々の計算公式がでてきます. 例えば 1-形式 ω に対して $d^2\omega = 0$ は div rot $= 0$ を意味します. この他に δ という作用素や Hodge の星作用素と

いうのもあわせて使いますと，ベクトル解析を微分形式だけで書き表すことができますし，電磁気学におけるマックスウェルの方程式を簡潔に表すこともできます．
… 電磁気学を習いましたけど数学の部分はほとんど分かりませんでした．
… 多変数の微積分学をしっかりやった後で電磁気学を習ったらいいんでしょうけどなかなかそうできないようです．じつはマックスウェルが彼の電磁気学を発表した頃はベクトル解析がなかったんですね．電磁場の式がすべて成分ごとに書かれていたそうです．方程式を書き下すだけで大変だったんじゃないんでしょうか．
… 微分形式って最近の数理物理学でもよく使われていると聞いたんですが．
… そうです．もちろん，伝統的なベクトル解析はよく出来上がった道具ですから例えばマックスウェルの方程式や流体力学の方程式に限定するときにはベクトル解析をつかう方が簡単かもしれません．微分形式も同様に便利なんですが，幾何学が関連するときは微分形式がより好都合のようですし，如実なことはベクトル解析における積分公式を簡潔に表せることです．それをお話しましょう．

1-形式の積分

$\mathbf{R}^n$ の中に曲線

$$C = \{x(t)\,;\, \alpha \leq t \leq \beta\}$$

が与えられたとき 1-形式 $\sum_{i=1}^{n} a_i(x)dx^i$ の C に沿っての積分を

$$\int_C \sum_{i=1}^{n} a_i(x)dx^i := \sum_{i=1}^{n} \int_\alpha^\beta a_i(x(t))\frac{dx^i(t)}{dt}dt \tag{3.32}$$

によって定義する．これは通常の線積分と同じである．

2-形式の積分

$\mathbf{R}^n$ の中に 2 次元曲面

$$S = \{x(\theta)\,;\, \theta = (\theta^1, \theta^2) \in U\}$$

が与えられているとしよう．ただし U は $\mathbf{R}^2$ の開集合とする．このとき $x^i(\theta)$ を θ の関数とみて外微分すれば

であるから

$$\frac{\partial(x^i, x^j)}{\partial(\theta^1, \theta^2)} = \frac{\partial x^i}{\partial \theta^1}\frac{\partial x^j}{\partial \theta^2} - \frac{\partial x^i}{\partial \theta^2}\frac{\partial x^j}{\partial \theta^1} \tag{3.33}$$

とおけば

$$dx^i \wedge dx^j = \frac{\partial(x^i, x^j)}{\partial(\theta^1, \theta^2)} d\theta^1 \wedge d\theta^2$$

である．そこで 2-形式 $\sum_{i<j} a_{ij}(x)dx^i \wedge dx^j$ の S 上での積分を

$$\int_S \sum_{i<j} a_{ij}(x) dx^i \wedge dx^j = \sum_{i<j} \int_U a_{ij}(x(\theta)) \frac{\partial(x^i, x^j)}{\partial(\theta^1, \theta^2)} d\theta^1 d\theta^2 \tag{3.34}$$

によって定義する．右辺は通常の 2 次元積分であるがヤコビアン $\frac{\partial(x^i, x^j)}{\partial(\theta^1, \theta^2)}$ に絶対値がついていないことに注意しよう．

ストークスの定理

$\mathbf{R}^n$ の中に 2 次元曲面 S があり，その境界（縁）が閉曲線になっているとしよう．この曲線を ∂S と書く．このとき任意の 1-形式 $\omega = \sum_{i=1}^n a_i(x)dx^i$ に対して次の式が成り立つ：

$$\int_S d\omega = \int_{\partial S} \omega \tag{3.35}$$

ω が k-形式のときも S を $k+1$ 次元曲面にとれば同様の公式が成り立つ．

… これが微分形式の積分のエッセンスです．簡単でしょう．ベクトル解析におけるグリーン (G. Green, 1793–1841) の定理，ストークス (G. G. Stokes, 1819–1923) の定理，ガウスの発散定理はすべてこの一つの公式にまとめられます．ここでは (3.35) の証明は与えませんが，実例を計算してみましょう．

例題 3.6.1 $\omega = xdy - ydx + zdz$, $S = \{x^2+y^2+z^2 = 1,\ z \geq 0\}$ のとき (3.35) の両辺を計算して等しいことを確かめよ．

解 S を $z = \cos\theta,\ x = \sin\theta\cos\varphi,\ y = \sin\theta\sin\varphi,\ 0 \leq \theta \leq \pi/2,\ 0 \leq \varphi \leq 2\pi$

のようにパラメータ表示すると，
$$dx = \cos\theta\cos\varphi d\theta - \sin\theta\sin\varphi d\varphi,$$
$$dy = \cos\theta\sin\varphi d\theta + \sin\theta\cos\varphi d\varphi$$
となる．次に
$$d\omega = dx \wedge dy + x d^2 y - dy \wedge dx - y d^2 x + dz \wedge dz + z d^2 z = 2 dx \wedge dy$$
に代入して $d\omega = 2 dx \wedge dy = 2\sin\theta\cos\theta\, d\theta \wedge d\varphi = \sin 2\theta\, d\theta d\varphi$ となるから，
$$\int_S d\omega = \int_0^{2\pi} d\varphi \int_0^{\pi/2} \sin 2\theta\, d\theta = 2\pi$$
また ∂S は平面 $z=0$ 上の円 $x^2+y^2=1$ であるから $x=\cos\varphi, y=\sin\varphi$ より
$$\int_{\partial S} \omega = \int_0^{2\pi} d\varphi = 2\pi. \qquad \square$$

3.7　相空間

… ニュートンの運動方程式を解くのに適当な座標変換を用いて方程式を簡単化するというアイディアは初期の頃からあったんだろうと思うんです．

… 今までの具体例では極座標にしたり楕円座標をとったりしてたですね．

… ラグランジュ (J. L. Lagrange, 1736–1813) は座標変換によらない力学の記述方法を発見したんですね．ラグランジュのアイディアは点の位置と速度に相当する座標系を用いることでした．ハミルトン (W. R. Hamilton, 1805–1865) は位置と運動量に相当する座標系を使って力学を展開しました．このラグランジュ形式とハミルトン形式は共に現代までも使われているんですが，ここではハミルトン形式の説明をしましょう．出発点の考え方が耳慣れないものなので注意してください．

　$\mathbf{R}^n$ の点 $x = (x^1, \cdots, x^n)$ と $\xi = (\xi_1, \cdots, \xi_n)$ の組 (x, ξ) を考えます．ξ は次のような性質をもつものとします：$\mathbf{R}^n$ 上の座標変換 $x \to \overline{x}$ に対して (x, ξ) と $(\overline{x}, \overline{\xi})$ は同じ組を表す．ただし
$$\overline{\xi}_j = \sum_{i=1}^n \frac{\partial x^i}{\partial \overline{x}^j} \xi_i \tag{3.36}$$

が成り立つものとする.

… ξ は共変ベクトルですね. ということはこれは

$$\{(x,\xi)\,;\,x\in\mathbf{R}^n,\ \xi\in T_x^*(\mathbf{R}^n)\} \tag{3.37}$$

を考えているということでしょうか.

… そうです. もっと詳しくいいますと, 座標変換 $x\to\overline{x}$ は必ずしも $\mathbf{R}^n$ 全体で定義されていなくてもよいのです. そのために次のようなものを考えます. $\mathbf{R}^n$ の点 p の近くに 2 種類の座標系 $x,\overline{x}$ が入っているとします. すると p の近くでは $x=x(\overline{x}),\overline{x}=\overline{x}(x)$ という形のお互いに微分可能な関数の形に書けています. 例えば x は直交座標系, $\overline{x}$ は極座標系を想像してください. このとき対応するペアの $\xi,\overline{\xi}$ の間には (3.36) の関係がある, というのです. このようなものを数学では**双対接束** (cotangent bundle) とよんでいます. 物理では**相空間** (phase space) とよんでいます. ここでは相空間を採用しましょう. 記号としてはちょっと唐突ですが $T^*(M)$ を使います. これは双対接束を表す標準的な記号です. M は数学でいう**多様体** (manifold) のつもりなのですが説明は省略します.

… 空間といいますが, 今まで習ってきたものとは大分雰囲気が違うように思うんですけど.

… そうですね. x は直交座標であったり極座標であったりしますが ξ の方はその座標系でのあるベクトルの成分表示です. このベクトルは力学では質点の運動量に相当している, ということなんです. x は質点の位置座標です. このような構造をもったものは数学にも物理にもよく現れ**ベクトル束** (vector bundle) とよばれます.

… すみません. x のことを $\mathbf{R}^n$ の点といったり, 座標といったり, 座標系といったりしていつも少しずつ意味が違うんですが.

… ここは言葉の意味や記号を詳しく説明しだすと非常に長くかかるところです. 最初は次のようなものを想像するのがいいでしょう. なにかある物体がある世界の中を動いているとします. この世界に適当な座標系を入れます. そのときの物体の位置を表す数値を並べたものを x とします. またこの物体の運動の様子を表すのにあるベクトルを使います. そのベクトルの成分を並べたもの

をξとする，と思ってください．

… あ，なるほど．だから座標系の取り方を変えると，同じ物体でもそれを表す数値が違ってくるわけか．

… 厳密な定義は大掛かりになりますので述べないことにしましょう．使ってみるとごく自然なものです．要するに変数変換 $x \to \bar{x}$ を行えば運動量ベクトル ξ を (3.36) のように変換する，というだけです．

… (3.36) は $\sum_{i=1}^{n} \xi_i dx^i$ という微分形式が座標変換 $x \to \bar{x}$ に対して変わらないということじゃないかしら．だって

$$\sum_{i=1}^{n} \xi_i dx^i = \sum_{i=1}^{n} \bar{\xi}_i d\bar{x}^i$$

となるもの．

… そうなんです．今まででてきたのは上の ξ が x の関数である場合ですがここでは ξ も独立な変数として扱います．したがって $\sum_{i=1}^{n} \xi_i dx^i$ は変数 (x, ξ) に関する微分形式で，5 節での議論で x を (x, ξ) にして計算を行います．例えばその外微分は

$$d(\sum_{i=1}^{n} \xi_i dx^i) = \sum_{i=1}^{n} d\xi_i \wedge dx^i \tag{3.38}$$

のように計算されます．

… なぜ ξ は運動量なんですか？

… ここは物理を考えなくてはいけないところなので，後でラグランジュ形式がでてきたときに説明しましょう．

3.8　正準変換

… ハミルトン形式での非常に重要なアイディアは **正準変換** (canonical transformation) です．**シンプレクティック変換** (symplectic transformation) ともいいます．定義そのものは簡単で，相空間 $T^*(M)$ 上での変換 $(x, \xi) \to (y, \eta)$ で

$$\sum_{i=1}^{n} d\xi_i \wedge dx^i = \sum_{i=1}^{n} d\eta_i \wedge dy^i \tag{3.39}$$

が成り立つものというだけです．より正確にいえば $T^*(M)$ の中に 2 つの開集合 U, V があり $U \ni (x,\xi) \to (y,\eta) \in V$ は 1 対 1, かつ onto で (3.39) が成り立っているとき，この写像を正準変換といいます．

… onto ってなんのことかな？

… あ，つい数学での内輪の言葉を使ってしまいました．ちょっと専門的ですがこの機会に覚えましょう．2 つの集合 A, B とその間の写像 $f: A \to B$ があるとします．f が 1 対 1 (one to one) とは

$$f(a) = f(a') \Longrightarrow a = a'$$

が成り立つことです．onto というのは B のどんな元 b に対しても，$f(a) = b$ となる A の元 a が存在することです．記号で書けば

$$B = f(A) = \{f(a)\,;\, a \in A\}$$

が成り立つことです．

… 正準変換としては例えばどんなものを考えたらいいんですか？

… 前にやった

$$(x,\xi) \to (y,\eta), \quad y = y(x), \quad \eta_i = \sum_j \xi_j \frac{\partial x^j}{\partial y^i}$$

は正準変換です．計算してみてください．

… たくさんシグマ記号がでてきそうだな．こんなときこそアインシュタインの規約だな．まず

$$d\eta_i = (d\xi_j)\frac{\partial x^j}{\partial y^i} + \xi_j \frac{\partial^2 x^j}{\partial y^i \partial y^k} dy^k$$

だから

$$d\eta_i \wedge dy^i = d\xi_j \wedge \left(\frac{\partial x^j}{\partial y^i} dy^i\right) + \xi_j \left(\frac{\partial^2 x^j}{\partial y^i \partial y^k} dy^k \wedge dy^i\right)$$

前の括弧は dx^j で後ろの括弧は $dy^k \wedge dy^i = -dy^i \wedge dy^k$ を使うと 0 だ．

… これは位置座標の空間での座標変換が相空間に引き起こす正準変換です．一般の正準変換の条件を書き表わすために次の記号を導入しましょう．

$$[u,v] = \sum_{i=1}^n \left(\frac{\partial \eta_i}{\partial u}\frac{\partial y^i}{\partial v} - \frac{\partial \eta_i}{\partial v}\frac{\partial y^i}{\partial u}\right) \tag{3.40}$$

これをラグランジュの**括弧式** (Lagrange bracket) とよんでいます. ここでは座標系 (y, η) に関するラグランジュの括弧式とよびましょう. これを使うと

$$\sum_{i=1}^n d\eta_i \wedge dy^i = \sum_{j,k}[x^j, x^k]dx^j \wedge dx^k$$
$$+ \sum_{j,k}[\xi_j, \xi_k]d\xi_j \wedge d\xi_k + \sum_{j,k}[\xi_j, x^k]d\xi_j \wedge dx^k$$

となりますから, $(x, \xi) \to (y, \eta)$ が正準変換になるための条件は

$$[x^j, x^k] = [\xi_j, \xi_k] = 0, \quad [\xi_j, x^k] = \delta_j^k, \quad \forall j, k$$

です.

··· 随分簡単に書けるんですね.

··· そうなんです. 力学にはこのような綺麗な式がたくさん現れます. それも力学の魅力の一つだろうと想います. ラグランジュの括弧式とよく似たものに次の**ポアッソン** (S. D. Poisson 1781–1840) の**括弧式** (Poisson bracket) があります.

$$\{u, v\} = \sum_{i=1}^n \left(\frac{\partial u}{\partial \xi_i}\frac{\partial v}{\partial x^i} - \frac{\partial u}{\partial x^i}\frac{\partial v}{\partial \xi_i} \right) \tag{3.41}$$

ここでは座標系 (x, ξ) に関するポアッソンの括弧式とよびましょう. 正準変換の条件はポアッソンの括弧式を使って述べることもできます.

定理 3.8.1 次の (1) ～ (4) は同値である.

(1) 座標系 (y, η) に関して

$$[x^j, x^k] = [\xi_j, \xi_k] = 0, \quad [\xi_j, x^k] = \delta_j^k, \quad \forall j, k$$

(2) 座標系 (x, ξ) に関して

$$[y^j, y^k] = [\eta_j, \eta_k] = 0, \quad [\eta_j, y^k] = \delta_j^k, \quad \forall j, k$$

(3) 座標系 (y, η) に関して

$$\{x^j, x^k\} = \{\xi_j, \xi_k\} = 0, \quad \{\xi_j, x^k\} = \delta_j^k, \quad \forall j, k$$

(4) 座標系 (x, ξ) に関して

$$\{y^j, y^k\} = \{\eta_j, \eta_k\} = 0, \quad \{\eta_j, y^k\} = \delta_j^k, \quad \forall j, k$$

系 3.8.2 相空間 $T^*(M)$ における変換 $(x,\xi) \to (y,\eta)$ が正準変換であるための条件は定理 3.8.1 の (1) 〜 (4) のいずれかが成り立つことである.

… 系はすぐに分かりますから定理 3.8.1 の証明を考えます. (1) と (2) が同値であることは分かりますか？

… えーと, あ, そうか. $(y,\eta) \to (x,\xi)$ という変換を考えればいいのか.

… そうなんです. $(x,\xi) \to (y,\eta)$ が正準変換なら $(y,\eta) \to (x,\xi)$ も正準変換ですから記号を入れ替えればいいんです. これが分かると定理 3.8.1 を示すには (2) と (4) が同値であることを示せばよいことになります. そこで $u_i = y^i, u_{n+i} = \eta_i$ $(i=1,\cdots,n)$ とおいて

$$\sum_{i=1}^{2n} \{u_i, u_j\}[u_i, u_k] = \sum_{i,\ell,m} \Big(\frac{\partial u_i}{\partial \xi_\ell}\frac{\partial u_j}{\partial x^\ell} - \frac{\partial u_i}{\partial x^\ell}\frac{\partial u_j}{\partial \xi_\ell}\Big)\Big(\frac{\partial \xi_m}{\partial u_i}\frac{\partial x^m}{\partial u_k} - \frac{\partial \xi_m}{\partial u_k}\frac{\partial x^m}{\partial u_i}\Big)$$

という和を考えます. これを計算してください.

… 右辺を展開するのかな. アインシュタインの規約を使おう. $\frac{\partial u_i}{\partial x^\ell}\frac{\partial \xi_m}{\partial u_i} = \frac{\partial \xi_m}{\partial x^\ell} = 0$ だから右辺の先の括弧の中の第 2 項と後の括弧の中の第 1 項をかけると 0 だ. すると第 1 項と第 2 項をかけても 0 だ.

… 第 1 項同士をかけると

$$\frac{\partial u_i}{\partial \xi_\ell}\frac{\partial u_j}{\partial x^\ell}\frac{\partial \xi_m}{\partial u_i}\frac{\partial x^m}{\partial u_k} = \delta_{ml}\frac{\partial u_j}{\partial x^\ell}\frac{\partial x^m}{\partial u_k} = \frac{\partial u_j}{\partial x^m}\frac{\partial x^m}{\partial u_k}$$

となる. すると第 2 項同士の積も

$$\frac{\partial u_i}{\partial x^\ell}\frac{\partial u_j}{\partial \xi_\ell}\frac{\partial \xi_m}{\partial u_k}\frac{\partial x^m}{\partial u_i} = \delta_{m\ell}\frac{\partial u_j}{\partial \xi_\ell}\frac{\partial \xi_m}{\partial u_k} = \frac{\partial u_j}{\partial \xi_m}\frac{\partial \xi_m}{\partial u_k}$$

この 2 つを足して $\frac{\partial u_j}{\partial u_k} = \delta_{jk}$ だから

$$\sum_{i=1}^{2n} \{u_i, u_j\}[u_i, u_k] = \delta_{jk}$$

… $P = (\{u_i, u_j\})$, $L = ([u_i, u_j])$ とおくと ${}^tPL = I$. ところが

$$L = \begin{pmatrix} 0 & 1 \\ 1 & 0 \end{pmatrix}$$

だから $P = L$ となって，これで定理 3.8.1 が証明できた．

… ハミルトン形式では力学の方程式は相空間上のある関数 $H(x, \xi)$ を用いて

$$\begin{cases} \dfrac{d}{dt}x^i(t) = \left(\dfrac{\partial H}{\partial \xi_i}\right)(x(t), \xi(t)), \\ \dfrac{d}{dt}\xi_i(t) = -\left(\dfrac{\partial H}{\partial x^i}\right)(x(t), \xi(t)) \end{cases} \tag{3.42}$$

$(i = 1, \cdots, n)$ という形に書ける，というところから出発します．$H(x, \xi)$ はハミルトニアン (Hamiltonian) とよばれます．

… 前に正準方程式という名前ででてきたわね．

… 大事なのはこの方程式が正準変換に関して不変である，ということです．詳しくいうと $(x, \xi) \to (y, \eta)$ という正準変換があったとき，$K(y, \eta) = H(x, \xi)$ とおきます．すると $y(t) = y(x(t), \xi(t)), \eta(t) = \eta(x(t), \xi(t))$ は

$$\begin{cases} \dfrac{d}{dt}y^i(t) = \left(\dfrac{\partial K}{\partial \eta_i}\right)(y(t), \eta(t)), \\ \dfrac{d}{dt}\eta_i(t) = -\left(\dfrac{\partial K}{\partial y^i}\right)(y(t), \eta(t)) \end{cases} \tag{3.43}$$

という方程式を満たします．計算してみてください．

… 正準方程式を使うと

$$\frac{dy^i}{dt} = \frac{\partial y^i}{\partial x^j}\frac{\partial H}{\partial \xi_j} - \frac{\partial y^i}{\partial \xi_j}\frac{\partial H}{\partial x^j}$$

で $H(x, \xi) = K(y, \eta)$ から

$$\frac{\partial H}{\partial \xi_j} = \frac{\partial K}{\partial y^k}\frac{\partial y^k}{\partial \xi_j} + \frac{\partial K}{\partial \eta^k}\frac{\partial \eta^k}{\partial \xi_j}, \quad \frac{\partial H}{\partial x^j} = \frac{\partial K}{\partial y^k}\frac{\partial y^k}{\partial x^j} + \frac{\partial K}{\partial \eta^k}\frac{\partial \eta^k}{\partial x^j}$$

となることを使って計算すると

$$\frac{dy^i}{dt} = \{y^k, y^i\}\frac{\partial K}{\partial y^k} + \{\eta_k, y^i\}\frac{\partial K}{\partial \eta_k}$$

となりますから定理 3.8.1 によって y に関する正準方程式がでてきます．η も同じです．

3.9 母関数

… 正準変換はどういう使いみちがあるんでしょう．
… 正準方程式が不変ですから方程式をすぐに書き下せます．方程式の形をなるべく簡単にするような正準変換を見いだせば方程式が解きやすくなるはずです．
… 簡単で使いやすい正準変換があればいいんですね．
… そうなんです．そのための秀逸なアイディアが正準変換の母関数といわれるものです．次の式をみてください．

$$\sum_i \xi_i dx^i - \sum_i \eta_i dy^i = dW \tag{3.44}$$

… W ってなんですか？
… なんでもいいですから x, y の関数 $W(x, y)$ で ξ, η をパラメータとして (3.44) を満たすものがあったとします．両辺を外微分すれば

$$\sum_i d\xi_i \wedge dx^i - \sum_i d\eta_i \wedge dy^i = d^2 W = 0$$

となりますから $(x, \xi) \to (y, \eta)$ は正準変換になるでしょう．
… すみません．なにが変数か分からなくなってしまって．
… 先を急ぎ過ぎました．まず x, y が変数で ξ, η は x, y の関数，そして (3.44) が満たされているとします．

$$\sum_i \xi_i dx^i - \sum_i \eta_i dy^i = dW = \sum_i \frac{\partial W}{\partial x^i} dx^i + \sum_i \frac{\partial W}{\partial y^i} dy^i$$

ですから

$$\frac{\partial W}{\partial x^i}(x, y) = \xi_i, \quad \frac{\partial W}{\partial y^i}(x, y) = -\eta_i \tag{3.45}$$

であるべきことに注目します．そこで (3.45) の第 1 式から y を x, ξ の関数 $y(x, \xi)$ として求めます．次に (3.45) の第 2 式で $\eta = \eta(x, \xi)$ を定義します．そして $S(x, \xi) = W(x, y(x, \xi))$ とおけば

$$dS = \sum_i \frac{\partial W}{\partial x^i} dx^i + \sum_{i,j} \frac{\partial W}{\partial y^i} \frac{\partial y^i}{\partial x^j} dx^j + \sum_{i,j} \frac{\partial W}{\partial y^i} \frac{\partial y^i}{\partial \xi_j} d\xi_j$$

$$= \sum_i \xi_i dx^i - \sum_i \eta_i \sum_j \Big(\frac{\partial y^i}{\partial x^j} dx^j + \frac{\partial y^i}{\partial \xi_j} d\xi_j \Big)$$

$$= \sum_i \xi_i dx^i - \sum_i \eta_i dy^i$$

となります．これを外微分して $\sum_i d\xi_i \wedge dx^i - \sum_i d\eta_i \wedge dy^i = 0$ となりますから $(x,\xi) \to (y,\eta)$ は正準変換です．

… W にはどんな条件が必要でしょう？

… (3.45) で逆関数定理を使いますから

$$\det \Big(\frac{\partial^2 W}{\partial x^i \partial y^j} \Big) \neq 0$$

が必要です．でもこれだけなので随分使いやすい方法です．

… 上手いな．(3.45) という変換をするだけなんですね．

… 変数も (x,y) ばかりとは限らないんですね．

$$\sum_i \xi_i dx^i + \sum_i y^i d\eta_i = dW(x,\eta)$$

に注目すれば $W(x,\eta)$ という関数から正準変換を作ることができます．W はこのような方法で得られる正準変換の**母関数** (generating function) とよばれます．

問題 3.9.2 $W(x,y) = x \cdot y$ を母関数とする正準変換はなにか？

解 $\xi_i = \partial W / \partial x^i = y^i$, $-\eta_i = \partial W / \partial y^i = x^i$ より $(x,\xi) \to (\xi, -x)$ という正準変換である． □

えらく簡単な問題だけどどんな意味があるんだろう．

… これは位置座標 x と運動量座標 ξ を入れ替える変換です．ハミルトン形式では質点の位置と運動量を区別する理由はないということになります．

… 方程式を解く工夫と思って聴いていたんですけどなんだかずいぶん理論的な感じがするんですが．

… そうなんですね．ハミルトン形式は力学の背後にある構造を見せてくれます．

3.10 アイコナール方程式

… 時間によらないハミルトニアン $H(x,\xi)$ が与えられたとき $H(x,\nabla_x\phi) = E$ という方程式はよく現れます. $H(x,\xi)$ としては

$$H(x,\xi) = \frac{1}{2}\sum_{i,j=1}^{n} g^{ij}(x)\xi_i\xi_j + V(x)$$

というものが考えられますが, これは保存力が働くとき, あるいは例えば曲面上に拘束された質点の運動, 一様でない媒質の中の光や音の波の伝播などのときに共通な形です. 応用上重要なのは初期値問題です. $\mathbf{R}^n$ の中に $(n-1)$-次元の曲面 S_0 とその上の関数 $\phi_0(x)$ を与え, S_0 の近くで

$$H(x,\nabla_x\phi(x)) = E \tag{3.46}$$

を満たし, S_0 上で

$$\phi(x) = \phi_0(x) \tag{3.47}$$

となる $\phi(x)$ を求めるのが問題です. E は定数です. この問題の解き方を覚えていますか？

… 定理 2.10.1 にまとめてあったんですが, まず

(1) S_0 をパラメータ $\theta = (\theta_1,\cdots,\theta_{n-1})$ によって $x = y(\theta)$ と表し, S_0 上の関数 $\pi(\theta) = (\pi_1(\theta),\cdots,\pi_n(\theta))$ で

$$\begin{cases} H(y(\theta),\pi(\theta)) = E, \\ \dfrac{\partial}{\partial \theta_i}\phi_0(y(\theta)) = \sum_{j=1}^{n}\pi_j(\theta)\dfrac{\partial}{\partial \theta_i}y^j(\theta), \\ (\nabla_\xi H)(y(\theta),\pi(\theta)) \notin T_{y(\theta)}(S_0) \end{cases} \tag{3.48}$$

を満たすものを作る.

(2) 特性方程式の初期値問題

$$\begin{cases} \dfrac{dx^i}{dt} = \dfrac{\partial H}{\partial \xi_i}, \quad \dfrac{d\xi_i}{dt} = -\dfrac{\partial H}{\partial x^i} \\ x(0) = y(\theta) \in S_0, \quad \xi(0) = \pi(\theta) \end{cases} \tag{3.49}$$

を解いて $x(t,\theta), \xi(t,\theta)$ を求める.

(3) $u = u(t,\theta)$ を

$$u(t,\theta) = \phi_0(y(\theta)) + \int_0^t \sum_{i=1}^n \xi_i(t,\theta) \frac{dx^i(t,\theta)}{dt} dt \qquad (3.50)$$

によって求め, $x = x(t,\theta)$ から $t = t(x), \theta = \theta(x)$ を求めて

$$\phi(x) = u(t(x), \theta(x)) \qquad (3.51)$$

とする.

··· それでいいです. この手続きを微分形式の立場から眺めてみましょう. まず (3.48) ですが, これは θ を変数とした 1-形式として

$$d\phi_0 = \sum_{j=1}^n \pi_j dx^j \qquad (3.52)$$

ということですね. θ は S_0 をパラメータ表示するものですから, (3.52) を S_0 上の 1-形式とよびます.

次に $u(t,\theta)$ なんですが, (2.70), (2.71) によって

$$\frac{\partial u}{\partial t} = \sum_i \xi_i \frac{\partial x^i}{\partial t}, \quad \frac{\partial u}{\partial \theta_j} = \sum_i \xi_i \frac{\partial x^i}{\partial \theta_j}$$

となりますね. これは t, θ を変数とする 1-形式として

$$du = \sum_{j=1}^n \xi_j dx^j \qquad (3.53)$$

が成り立つということです. t, θ から x に変数変換しますと $d\phi = \sum_{j=1}^n \xi_j dx^j$ です. これから $\nabla_x \phi = \xi$ ですから $H(x,\xi) = E$ に代入して $\phi(x)$ は $H(x, \nabla_x \phi) = E$ を満たす, というのが解き方の筋書きでした.

··· すみません. $H(x,\xi) = E$ となるのはなぜですか?

··· これは (2.69) から分かるのですが, 今の場合は所謂エネルギー保存則で, 正準方程式からすぐにでてきます. やってみてください.

··· 正準方程式を使うと

$$\frac{d}{dt} H(x(t), \xi(t)) = \frac{\partial H}{\partial x} \frac{dx}{dt} + \frac{\partial H}{\partial \xi} \frac{d\xi}{dt} = \frac{\partial H}{\partial x} \frac{\partial H}{\partial \xi} - \frac{\partial H}{\partial \xi} \frac{\partial H}{\partial x} = 0$$

となるから, 分かりました.

… (3.53) から $d(\sum_j \xi_j dx^j) = \sum_j d\xi_j \wedge dx^j = d^2 u = 0$ となりますね. これを直接証明しましょう. $t = \theta_n$ とおくと $d\xi_j = \sum_{k=1}^{n} \frac{\partial \xi_j}{\partial \theta_k} d\theta_k$, $dx^j = \sum_{\ell=1}^{n} \frac{\partial x^j}{\partial \theta_\ell} d\theta_\ell$ ですから

$$\sum_j d\xi_j \wedge dx^j = \sum_{k<\ell} [\theta_k, \theta_\ell] d\theta_k \wedge d\theta_\ell$$

となります.

… そうか. ラグランジュの括弧式で書けるのか. すると $[\theta_k, \theta_\ell] = 0$ を示せばいいんだけどさてどうしよう.

… 方程式を使うしかないから t で微分するだろ. すると

$$\frac{\partial}{\partial t}[\theta_k, \theta_\ell] = \sum_j \Big(-\big(\frac{\partial}{\partial \theta_k}\frac{\partial H}{\partial x^j}\big)\frac{\partial x^j}{\partial \theta_\ell} + \frac{\partial \xi_j}{\partial \theta_k}\big(\frac{\partial}{\partial \theta_\ell}\frac{\partial H}{\partial \xi_j}\big) \\ + \big(\frac{\partial}{\partial \theta_\ell}\frac{\partial H}{\partial x^j}\big)\frac{\partial x^j}{\partial \theta_k} - \frac{\partial \xi_j}{\partial \theta_\ell}\big(\frac{\partial}{\partial \theta_k}\frac{\partial H}{\partial \xi_j}\big)\Big) \tag{3.54}$$

となって, これをじーっと見ると,

$$\frac{\partial}{\partial \theta_\ell} H = \sum_j \big(\frac{\partial H}{\partial x^j}\frac{\partial x^j}{\partial \theta_\ell} + \frac{\partial H}{\partial \xi_j}\frac{\partial \xi_j}{\partial \theta_\ell}\big),$$

$$\frac{\partial^2}{\partial \theta_k \partial \theta_\ell} H = \sum_j \Big(\big(\frac{\partial}{\partial \theta_k}\frac{\partial H}{\partial x^j}\big)\frac{\partial x^j}{\partial \theta_\ell} + \frac{\partial H}{\partial x^j}\frac{\partial^2 x^j}{\partial \theta_k \partial \theta_\ell} \\ + \big(\frac{\partial}{\partial \theta_k}\frac{\partial H}{\partial \xi_j}\big)\frac{\partial \xi_j}{\partial \theta_\ell} + \frac{\partial H}{\partial \xi_j}\frac{\partial^2 \xi_j}{\partial \theta_k \partial \theta_\ell}\Big). \tag{3.55}$$

あ, (3.55) で k と ℓ を入れ替えて引いたら 0 になる. だから $\frac{\partial}{\partial t}[\theta_k, \theta_\ell] = 0$ だ.

… すると $t = 0$ のとき $[\theta_k, \theta_\ell] = 0$ を確かめればいいのね. $\ell = n$ のときは $\theta_n = t$ だから

$$\sum_j \big(\frac{\partial \xi_j}{\partial \theta_k}\frac{\partial x^j}{\partial \theta_n} - \frac{\partial \xi_j}{\partial \theta_n}\frac{\partial x^j}{\partial \theta_k}\big) = \sum_j \big(\frac{\partial \xi_j}{\partial \theta_k}\frac{\partial H}{\partial \xi_j} + \frac{\partial H}{\partial x^j}\frac{\partial x^j}{\partial \theta_k}\big)$$
$$= \frac{\partial}{\partial \theta_k} H$$

となるけど (3.49) の第 1 式から H は定数だからこれは 0 よ. $\ell < n$ のときは (3.48) の第 2 式を微分して

$$\frac{\partial^2}{\partial\theta_k \partial\theta_\ell}\phi_0(y(\theta)) = \sum_j \Big(\frac{\partial \pi}{\partial \theta_k}\frac{\partial y^j}{\partial \theta_\ell} + \pi_j \frac{\partial^2 y^j}{\partial \theta_k \theta_\ell}\Big)$$

となって, k と ℓ を入れ替えて引けばこれも 0 になるわ. 無事証明できました.

… 相空間は $2n$ 次元の空間です. 相空間の中の n 次元曲面 S で S 上の微分形式として $\sum_{j=1}^{n} d\xi_j \wedge dx^j = 0$ が成り立つものを**ラグランジュ多様体** (Lagrangean manifold) とよんでいます. 詳しくいえば S を表すパラメータを $\theta = (\theta_1, \cdots, \theta_n)$ とするとき

$$\sum_j d\xi_j \wedge dx^j = \sum_{k<\ell} [\theta_k, \theta_\ell] d\theta_k \wedge d\theta_\ell = 0$$

が成り立つもののことです. このとき $d(\sum_j \xi_j dx^j) = 0$ ですから定理 3.5.2 によってある関数 $\phi(\theta)$ に対して $d\phi = \sum_j \xi_j dx^j$ となります. 特にパラメータ θ として x をとれれば $d\phi(x) = \sum_j \xi_j dx^j$ から $\nabla_x \phi(x) = \xi$ となります.

… ここが肝心だったのね. まとめておいた方がいいわ.

(3.48) を満たす初期条件の下に特性方程式を解いて $M_E = \{(x(t,\theta), \xi(t,\theta))\}$ とすると M_E はラグランジュ多様体であり, その上ではある関数 $\phi(x)$ に対して $d\phi = \sum_j \xi_j dx^j$ となる. これより $\nabla_x \phi(x) = \xi$ であり, また M_E 上 $H(x,\xi) = E$ であるから $\phi(x)$ は $H(x, \nabla_x \phi(x)) = E$ を満たす.

… $\sum_i d\xi_i \wedge dx^i = 0$ となったり, $\xi = \nabla_x \phi$ がでてきたりして正準変換と関係あるような気がするんですけど, どうなんでしょう.

… 深い関係があります. 上ではエネルギー E を定数としていますが, E がパラメーター $\eta = (\eta_1, \cdots, \eta_n)$ に依存していて $E = E(\eta)$ となっているとしましょう. また上で構成した方程式 $H(x, \nabla_x \phi) = E$ の解も η というパラメータを含んでいるとして $\phi = \phi(x, \eta)$ と書きましょう. これは上の議論で $\phi_0(x)$ として η に依存しているものをとれば可能です. $\phi(x, \eta)$ を母関数とする正準変換を

$$\xi = \frac{\partial \phi}{\partial x}, \quad y = \frac{\partial \phi}{\partial \eta}$$

によって定義します. ここでもちろん

$$\frac{\partial}{\partial x} = \bigl(\frac{\partial}{\partial x^1}, \cdots, \frac{\partial}{\partial x^n}\bigr)$$

という意味です.

… 第 1 式から $\eta = \eta(x,\xi)$ を求めて $y(x,\xi) = (\partial\phi/\partial\eta)(x,\eta(x,\xi))$ とおくんだったな.

… (x,ξ) から (y,η) に変数変換すると $\sum_i d\xi_i \wedge dx^i = \sum_i d\eta_i \wedge dy^i = 0$ です. ハミルトニアンは $K(y,\eta) = H(x,\xi)$ ですが $H(x,\xi) = H(x,\nabla_x\phi) = E(\eta)$ ですから $K(y,\eta) = E(\eta)$ となります. すると正準方程式は

$$\begin{cases} \dfrac{dy}{dt} = \dfrac{\partial K}{\partial \eta} = \nabla E(\eta), \\ \dfrac{d\eta}{dt} = -\dfrac{\partial K}{\partial y} = 0 \end{cases}$$

となって $\eta = $ 定数, $y(t) = t\nabla E(\eta) + y(0)$ と簡単に解けてしまいます.

… やっと全体像が見えてきたわ. 最初の積分因子の話と似てるわね. 偏微分方程式 $H(x,\nabla_x\phi) = E$ は理論的にはいつでも解けるけど具体的には解けない. しかし場合によっては $\phi(x,\eta)$ というパラメータを含んだ解を具体的に求めることができる. それによって元の運動方程式が具体的に解ける, というストーリーになっているのね.

… しかも実際の問題であてはまるものが結構あるんだ.

3.11　ラグランジュ形式

… ラグランジュが与えた力学の形式は同じようにベクトル束を考えるんですが位置座標 x と反変ベクトル v を組にするんですね. 詳しくいいますと x と v の組 (x,v) で x から $\bar{x}$ に変数変換したときに $\bar{v}$ は

$$\bar{v}^i = v^j \frac{\partial \bar{x}^i}{\partial x^j} \tag{3.56}$$

と変換されるものとします. この節ではアインシュタインの規約を使いましょう. このような (x, v) の組全体を数学では**接束** (tangent bundle) とよんでいます. 記号は $T(M)$ です. 物理では特に用語はないようです.

… 接とか反変とかいうからには接ベクトルと関係があるんでしょうか.

… そうです. v は速度ベクトルに相当する, と考えるべきですね. 実際曲線を $x(t)$ で与えたとき $x \to \overline{x}$ と変数変換すれば接ベクトルは

$$\frac{d\overline{x}^i(t)}{dt} = \frac{\partial \overline{x}^i}{\partial x^j} \frac{dx^j(t)}{dt}$$

と変換されますから.

… こちらの方が物理に直結しているような感じだな.

… ラグランジュは運動の法則は時間 t に依存する $T(M)$ 上の関数 $L(t, x, v)$ を用いて

$$\frac{d}{dt}\left\{\left(\frac{\partial L}{\partial v^i}\right)(t, x(t), \dot{x}(t))\right\} = \left(\frac{\partial L}{\partial x^i}\right)(t, x(t), \dot{x}(t)), \quad 1 \leq i \leq n \quad (3.57)$$

と書かれる, ということを出発点にしたんですね. ここで $\dot{x}(t) = \dfrac{d}{dt}x(t)$ です. $L(t, x, v)$ は**ラグランジュアン** (Lagrangean) とよばれます. $L(t, x, v)$ は $T(M)$ 上の関数ですから $(x, v) \to (\overline{x}, \overline{v})$ と変数変換したとき $(\overline{x}, \overline{v})$ という座標系での表示 $\overline{L}(t, \overline{x}, \overline{v})$ は

$$\overline{L}(t, \overline{x}, \overline{v}) = L(t, x, v)$$

となっていなくてはなりません. このことから方程式 (3.57) は $(\overline{x}, \overline{v})$ という座標系でも同じ形になることが分かります. この辺の計算は省略しましょう.

… ラグランジュアンって例えばどんなものですか?

… 次のような例を考えてみてください:

$$L = T - U, \quad T = \frac{m}{2}|v|^2, \quad U = V(x) \quad (3.58)$$

… とにかく運動方程式を書いてみるんだろうな. m は定数だろうから $\partial L/\partial v = mv$ でラグランジュの方程式は $d(m\dot{x})/dt = -\partial V/\partial x$ となるから

$$m\frac{d^2}{dt^2}x(t) = -\left(\frac{\partial V}{\partial x}\right)(x(t)) \quad (3.59)$$

か. これはニュートンの運動方程式だ. m は質点の質量か.

⋯ ラグランジュの方程式 (3.57) の特徴は運動が $x(t)$ のみで記述されていること，その結果 t に関する 2 階の微分方程式になっていることです．
⋯ ハミルトン形式では $x(t), \xi(t)$ 両方に対する方程式で t に関しては 1 階の微分方程式だったな．
⋯ ところがラグランジュ形式とハミルトン形式は次の変換で移りあうものなんです．

変換 $T(M) \ni (x,v) \to (x,\xi) \in T^*(M)$ を

$$v \to \xi = \left(\frac{\partial L}{\partial v}\right)(t,x,v)$$

によって定義し **ルジャンドル変換** (Legendre transformation) とよびます．

上の $L = T - U$ の例では ξ はどうなりますか？
⋯ $\xi = \partial L/\partial v = mv$ となって，これは質量 m の質点が速度 v を持つときの運動量だな．こうなっているから今まで ξ を運動量とよんできたのか．
⋯ ルジャンドル変換で定義した ξ は共変ベクトルになるのかな．とりあえず $\xi(i) = (\partial L/\partial v^i)(x,v)$ とおいてみると

$$\overline{\xi}(i) = \frac{\partial \overline{L}}{\partial \overline{v}^i} = \frac{\partial L}{\partial v^j}\frac{\partial v^j}{\partial \overline{v}^i}$$

で $v^j = \overline{v}^k \dfrac{\partial x^j}{\partial \overline{x}^k}, \dfrac{\partial v^j}{\partial \overline{v}^i} = \dfrac{\partial x^j}{\partial \overline{x}^i}$ だから

$$\frac{\partial L}{\partial v^j}\frac{\partial v^j}{\partial \overline{v}^i} = \sum_j \xi(j)\frac{\partial x^j}{\partial \overline{x}^i}$$

となって共変だ．
⋯ そこで

$$H(t,x,\xi) = v \cdot \xi - L(t,x,v), \quad v \cdot \xi = v^i \xi_i$$

とおいて (3.57) を書き直してごらんなさい.
⋯ x と ξ を独立変数と思うんだから

$$H(t,x,\xi) = v(t,x,\xi) \cdot \xi - L(t,x,v(t,x,\xi))$$

の両辺を x^i で微分して

$$\frac{\partial H}{\partial x^i} = \frac{\partial v^j}{\partial x^i}\xi_j - \frac{\partial L}{\partial x^i} - \frac{\partial L}{\partial v^j}\frac{\partial v^j}{\partial x^i} = -\frac{\partial L}{\partial x^i},$$

ξ_i で微分して

$$\frac{\partial H}{\partial \xi_i} = \frac{\partial v^j}{\partial \xi_i}\xi_j + v^i - \frac{\partial L}{\partial v^j}\frac{\partial v^j}{\partial \xi_i} = v^i$$

となる. そこで

$$v(t) = \dot{x}(t), \quad \xi(t) = \left(\frac{\partial L}{\partial v}\right)(t, x(t), v(t))$$

とおくと

$$\frac{dx}{dt} = v(t) = \frac{\partial H}{\partial \xi},$$
$$\frac{d\xi}{dt} = \frac{d}{dt}\left\{\left(\frac{\partial L}{\partial v}\right)(t,x(t),v(t))\right\} = \frac{\partial L}{\partial x}(t,x(t),v(t)) = -\frac{\partial H}{\partial x}$$

となってでてきました.
⋯ 同じような計算でハミルトンの方程式からラグランジュの方程式を導くこともできます.

例を考えてみましょう. $L = T - U$ という前の例では H はどうなりますか?
⋯ $\xi = mv$ だから $H = m|v|^2 - T + U$ で

$$H = \frac{m}{2}|v|^2 + V(r) = \frac{1}{2m}|\xi|^2 + V(x) \tag{3.60}$$

となって, これは質点のエネルギーだな.

⋯ さて前に

$$u_t + H(t,x,\nabla_x u) = 0, \quad u(0,x) = u_0(x) \tag{3.61}$$

の解法をやりましたね.
⋯ えーと, (2.77) を見ますと, まず特性方程式

$$\begin{cases} \dfrac{dx}{dt} = \dfrac{\partial H}{\partial \xi}(t,x(t),\xi(t)), \\ \dfrac{d\xi}{dt} = -\dfrac{\partial H}{\partial x}(t,x(t),\xi(t)) \end{cases} \tag{3.62}$$

$$x(0) = y, \quad \xi(0) = \nabla u_0(y) \tag{3.63}$$

を解きます. 次に

$$u(t,y) = u_0(y) + \int_0^t \Big(\sum_{i=1}^n \xi(s,y) \cdot (\nabla_\xi H)(s, x(s,y), \xi(s,y)) \\ - H(s,x(s,y),\xi(s,y)) \Big) ds \tag{3.64}$$

を求めます. $x = x(t,y)$ から $y = y(t,x)$ を求めて右辺に代入したものが解です. $\cdots$ (3.64) を見てなにか気がつきませんか？
$\cdots$ うーん, あ, そうか. $\dot{x}(t) = \nabla_\xi H$ だから積分記号の中は $L = \xi \cdot v - H$ でラグランジュアンだ.
$\cdots$ そうなんです. (3.61) の解は

$$S(t,x) = u_0(y(t,x)) + \int_0^t L(s,x(s),\dot{x}(s))ds \tag{3.65}$$

ただし $x(t) = x(t,y)$ はラグランジュの方程式 (3.57) の解で

$$x(0,y) = y, \quad x(t,y) = x, \quad \Big(\dfrac{\partial L}{\partial v}\Big)(0,y,\dot{x}(0,y)) = \nabla u_0(y) \tag{3.66}$$

を満たすもの, また $y(t,x)$ は $x = x(t,y)$ から $y = y(t,x)$ としたもの, という形に書けるんです. 右辺は質点の軌道に沿って積分しているんですが初期値 y から終期値 x に至る軌道に沿って積分していることに注意してください.

問題 3.11.1 $L = m|v|^2/2$, $u_0(y) = y \cdot \eta$ のとき (3.65) を計算せよ.

解 $H = |\xi|^2/(2m)$ だから $\dot{\xi}(t) = 0$ より $\xi(t) = \xi(0) = \nabla u_0(y) = \eta$, $\dot{x}(t) = \xi(t)/m = \eta/m$ より $x = t\eta/m + y$. これを

$$S(t,x) = \Big(x - \dfrac{t}{m}\eta\Big) \cdot \eta + \dfrac{t}{2m}|\eta|^2$$

に代入して

$$S(t,x) = x \cdot \eta - \dfrac{t}{2m}|\eta|^2. \qquad \square$$

3.12 変分法

$\mathbf{R}^n$ の 2 点 a, b を固定して区間 $[t_0, t_1]$ 上で定義された $x(t_0) = a, x(t_1) = b$ を満たす曲線全体を $C_{a,b}$ と書くことにします．ラグランジュは

> ラグランジュの方程式 (3.57) の解は $x(t)$ を $C_{a,b}$ の中で動かすとき
> $\int_{t_0}^{t_1} L(t, x(t), \dot{x}(t)) dt$ の極値を与えるようなものである．

ということを力学の出発点にしたんですね．質点はある種の積分の極値を与えるような経路を動くという考え方はその後の力学の底流となっています．重要なことですから証明しましょう．変分法という数学の基本的な考え方を使います．

$x(t) \in C_{a,b}$ を $\int_{t_0}^{t_1} L(t, x(t), \dot{x}(t)) dt$ の極値を与えるようなものとしましょう．$x(t_0) = a, x(t_1) = b$ です．$z(t)$ を $z(t_0) = z(t_1) = 0$ となるようにとれば $x(t) + z(t) \in C_{a,b}$ です．そこで

$$\int_{t_0}^{t_1} L(t, x(t) + z(t), \dot{x}(t) + \dot{z}(t)) dt \tag{3.67}$$

を考えて，$z(t)$ をいろいろ動かせば，$z(t) = 0$ のときにこの積分の値が極値になるはずです．

··· $z(t) = 0$ というのは恒等的に 0 という関数ということですね．

··· そうです．ここで考えを飛躍させましょう．(3.67) は $z(t)$ を変数とする関数です．$x(t)$ が $\int_{t_0}^{t_1} L(t, x(t), \dot{x}(t)) dt$ の極値を与えるということは変数 $z(t)$ が 0 の時に関数 (3.67) が極値をとる，ということです．

··· 関数 $z(t)$ を変数と考える，なんていきなりいわれても困るな．

··· もっと飛躍しましょう．ある関数 $f(z)$ が $z = 0$ のときに極値をとるとすれば $f(z)$ の $z = 0$ における微分が 0 になります．そこで (3.67) を変数 $z(t)$ で微分しましょう．

…… すみません．関数を変数とする関数というだけでびっくりしてるのに関数で微分するといわれると，もうとてもついていけません．

…… そうなんですね．アイディアが飛躍するときというのはなかなか大変で，納得できるのに長い時間がかかります．ある種の条件を満たす関数全体は普通無限次元の空間になります．今問題にしているのは無限次元空間上での関数，とくにその微分を考える，ということでこれは実際にはいろいろ難しい問題を含んでいます．現代の解析学はじつはこのへんも考えているのですが，今の変分法の場合には次のようにしてすりぬけられます．一つのパラメータ ϵ を用いて $x(t)+\epsilon z(t) \in C_{a,b}$ を考えます．そこで

$$f(\epsilon) = \int_{t_0}^{t_1} L(t, x(t)+\epsilon z(t), \dot{x}(t)+\epsilon \dot{z}(t))dt \tag{3.68}$$

とおきますと，これは 1 変数 ϵ の関数で $\epsilon = 0$ のときに極値をとります．これなら普通の微分を考えることができるでしょう．

…… これはまた極端に単純化したみたいですが．

…… 関数 $z(t)$ を固定して ϵ を動かせば $x(t)+\epsilon z(t)$ は $C_{a,b}$ の中の曲線になります．$f(\epsilon)$ はこの曲線の上だけで極値を考えようということなのです．

…… 無限次元の空間の中に曲線を考えてその中で 1 変数の関数を考えようということか．

…… ここから先は普通の微積分です．$\epsilon = 0$ で極値をとりますから $f'(0) = 0$ です．これを計算しますと

$$\int_{t_0}^{t_1} \left(\left(\frac{\partial L}{\partial x}\right)(t, x(t), \dot{x}(t)) \cdot z(t) + \left(\frac{\partial L}{\partial v}\right)(t, x(t), \dot{x}(t)) \cdot \dot{z}(t) \right) dt = 0$$

です．右辺の第 2 項を部分積分しますと

$$\int_{t_0}^{t_1} \left(\left(\frac{\partial L}{\partial x}\right)(t, x(t), \dot{x}(t)) - \frac{d}{dt}\left(\frac{\partial L}{\partial v}\right)(t, x(t), \dot{x}(t)) \right) \cdot z(t) dt = 0$$

です．これが任意の $z(t)$ に対して成り立つということから

$$\left(\frac{\partial L}{\partial x}\right)(t, x(t), \dot{x}(t)) - \frac{d}{dt}\left(\frac{\partial L}{\partial v}\right)(t, x(t), \dot{x}(t)) = 0$$

がでてきます．

··· 最後の部分が分かりません.

··· これは変分法の基本補題とよばれるもので次の事実を使います. 変数として t の代りに x を使います.

補題 3.12.1 $f(x)$ は $[0,1]$ 上の実数値連続関数とする. $\varphi(0) = \varphi(1) = 0$ を満たす任意の $[0,1]$ 上の連続関数 $\varphi(x)$ に対して

$$\int_0^1 f(x)\varphi(x)dx = 0$$

が成り立つならば, $f(x) = 0$ である.

証明 ある点 $x_0 \in [a,b]$ で $f(x_0) \neq 0$ とする. $0 < x_0 < 1$ の場合を考える. $c = f(x_0) > 0$ としてよい. $f(x)$ は連続だから $\epsilon > 0$ が存在し, $(x_0 - \epsilon, x_0 + \epsilon)$ 上で $f(x) > c/2$ となる. $\varphi(x)$ として $x < x_0 - \epsilon, x > x_0 + \epsilon$ で $\varphi(x) = 0$, $x_0 - \epsilon_0/2 < x < x_0 + \epsilon_0/2$ で $\varphi(x) = 1$, 区間 $[x_0 - \epsilon, x_0 - \epsilon/2]$, $[x_0 + \epsilon/2, x_0 + \epsilon]$ では 0 と 1 を直線的につないだ関数を $\varphi(x)$ とすれば

$$\int_0^1 f(x)\varphi(x)dx \geq \int_{x_0 - \epsilon/2}^{x_0 + \epsilon/2} \frac{c}{2} dt > 0$$

となり矛盾である. $x_0 = 0, 1$ の場合も同様である. □

··· ははーん, そうするとラグランジュの運動方程式 (3.57) が変数変換によって変わらないというのも当たり前だな. 上の計算の仕方はどんな座標系でも同じだから.

··· すべてラグランジュアンから始まるんですね. ラグランジュアンを求める方法というか, 原理というか, そういうものはあるんですか？

··· 一般的な処方箋はないんです. 考えている問題に合わせて自分で適切なものを設定しなくてはいけないんです. 覚えておくと便利なのはリーマン計量との関係です.

··· あ, それ幾何で聞いたことがありますけど力学にも関係があるんですか？

··· おおありです. 一般に曲線 $x(t)$ の接ベクトル $\dot{x}(t)$ の長さは

$$\sqrt{\sum_{i,j=1}^n g_{ij}(x(t))\dot{x}^i(t)\dot{x}^j(t)}$$

という形に書かれます. ここで $g_{ij}(x)$ は変数 x に依存する $n \times n$ の正定値対称行列です.

⋯ 対称というのは $g_{ij}(x) = g_{ji}(x)$ ということですね. 正定値というのはなんでしょうか？

⋯ ある定数 $C > 0$ が存在して

$$\sum_{i,j=1}^{n} g_{ij}(x) v^i v^j \geq C \sum_{i=1}^{n} |v^i|^2$$

がすべての $v = (v^1, \cdots, v^n)$ に対して成り立つ, ということです. ベクトルの長さを定義しようというのですからこれは自然な条件です.

⋯ 本には共変テンソルだと書いてあったんですが.

⋯ そうです. x から $\overline{x}$ に変数変換したときに $(\overline{g}_{ij}(\overline{x}))$ になったとするとアインシュタインの規約をもちいて

$$\overline{g}_{ij}(\overline{x}) = g_{k\ell}(x) \frac{\partial x^k}{\partial \overline{x}^i} \frac{\partial x^\ell}{\partial \overline{x}^j} \tag{3.69}$$

となる, という条件を課します. ラグランジュアンとして

$$L = \frac{1}{2} \sum_{i,j=1}^{n} g_{ij}(x) v^i v^j - V(x)$$

というものがよく現れます. $V(x)$ は実数値関数です.

⋯ $\frac{1}{2} g_{ij}(x) v^i v^j$ を運動エネルギーと思えば前にでてきたのと同じだな.

問題 3.12.2 $\frac{1}{2} g_{ij}(x) v^i v^j - V(x)$ は変数変換 $x \to \overline{x}$ に関して不変であることを示せ.

解 運動エネルギーの部分が不変であることを示せばよいが, 接ベクトル v は反変ベクトルであるから

$$\overline{v}^i = v^\alpha \frac{\partial \overline{x}^i}{\partial x^\alpha}$$

である. (3.69) によって

$$\overline{g}_{ij}(\overline{x}) \overline{v}^i \overline{v}^j = g_{kl}(x) v^\alpha v^\beta \Big(\frac{\partial x^k}{\partial \overline{x}^i} \frac{\partial \overline{x}^i}{\partial x^\alpha}\Big) \Big(\frac{\partial x^\ell}{\partial \overline{x}^j} \frac{\partial \overline{x}^j}{\partial x^\beta}\Big) = g_{k\ell}(x) v^k v^\ell. \qquad \square$$

⋯ ハミルトン形式のときも似たような $g^{ij}(x)$ がでてきたんですが.

... それとの間には
$$\left(g^{ij}(x)\right) = \left(g_{ij}(x)\right)^{-1} \tag{3.70}$$
という関係があります．右辺は逆行列です．

問題 2.12.3 ルジャンドル変換によりラグランジュアン $L(x,v) = \frac{1}{2}g_{ij}(x)v^i v^j - V(x)$ からハミルトニアン $H(x,\xi) = \frac{1}{2}g^{ij}(x)\xi_i \xi_j + V(x)$ を導け．

解 $\xi_i = \frac{\partial L}{\partial v^i} = g_{ij}v^j$ であるから

$$\begin{aligned}H(x,\xi) &= v \cdot \xi - L(x,\xi) \\ &= g_{ij}v^i v^j - \left(\frac{1}{2}g_{ij}v^i v^j - V(x)\right) = \frac{1}{2}g_{ij}v^i v^j + V(x).\end{aligned}$$

ところが $v^j = g^{jk}\xi_k$ であるから

$$g_{ij}v^i v^j = \xi_j g^{jk}\xi_k, \qquad \square$$

第 4 章

波の伝播とハミルトン-ヤコビ理論

　古典力学では質点の運動を常微分方程式で表していました. 音の波や電磁波, さらに量子物理学に現れる波は偏微分方程式で表されます. ところが波の運動の中に古典力学の方程式が再び登場してくるのです.

4.1　波動方程式の漸近解

… 波動方程式というのは

$$\frac{\partial^2 u}{\partial t^2} = c(x)^2 \Delta u \tag{4.1}$$

という方程式です. $c(x)$ は点 x での波の速さを表す正の値をとる関数です.
… u はなにを表すんですか?
… 例えば水平に置かれたギターの弦を想像しましょう. 時刻 t で x の位置にある点が上下に動いた変位の量が $u(t,x)$ です. 水平な膜の振動のときにも表面は上下方向にだけ動いていると考えられます. その変位が $u(t,x)$ です. 気体中の音波の場合には気体の密度の平衡状態からのずれが (4.1) を満たします. 電磁波の場合には媒質ではなくて眼には見えない物理的量, 電磁場のベクトルポテンシャルを表しています. 光は電磁波の 1 種ですから光の動きも波動方程式で書かれます.
… この方程式はどうやって解くんですか?
… $c(x)$ が定数のときには解の公式がありますが, そうでないときは解の公式はありません. あるいは $c(x)$ が定数であっても波が物体に当たって反射するときには一般には解を具体的に書けません.
… 具体的に解けなかったら方程式の使いみちがないように思うんですけど.
… そこなんです. 解の公式がなくても現象を理解できる方法があるんですね.

それは時には解の公式よりもよく現象の特徴をとらえています. 波といえばどんな関数を思い浮べますか？

… 振動しているんだから三角関数しか思い浮かばないんですが.

… それでいいんです. 例えば $\cos k(\phi(x) - t)$ という関数を考えましょう. この関数は x を固定して t を動かせば周期的に変化しますから波の高さを表していると思えます. $k(\phi(x) - t) = 0$ のときには波が一番高いですから波の山, $k(\phi(x) - t) = \pi$ のときには波が一番低いですから波の谷です. kt が 0 から 2π まで動けば 1 周期ですから $k/(2\pi)$ が振動数です. 簡単のために k を振動数ということにしましょう. また三角関数の代わりに $e^{ik(\phi(x)-t)}$ を使うことにしましょう.

… $\phi(x)$ はどんな関数なんですか？

… アイディアは

$$v(t, x; k) = e^{ik(\phi(x)-t)} a(x, k) \tag{4.2}$$

という形で (4.1) の近似解を作ることです. これを方程式に代入して計算しますと

$$e^{ik(t-\phi(x))}\left(c(x)^{-2}\frac{\partial^2 v}{\partial t^2} - \Delta v\right) = k^2(|\nabla\phi|^2 - c(x)^{-2})a$$
$$- ik(2\nabla\phi \cdot \nabla + \Delta\phi)a - \Delta a \tag{4.3}$$

という式がでてきます. さらに

$$a(x, k) = \sum_{\ell=0}^{N} k^{-\ell} a_\ell(x) \tag{4.4}$$

とおきますと

$$e^{ik(t-\phi(x))}\left(c(x)^{-2}\frac{\partial^2 v}{\partial t^2} - \Delta v\right) = k^2(|\nabla\phi|^2 - c(x)^{-2})a$$
$$- ik(2\nabla\phi \cdot \nabla + \Delta\phi)a_0$$
$$- \sum_{\ell=0}^{N-1} k^{-\ell}(i(2\nabla\phi \cdot \nabla + \Delta\phi))a_{\ell+1} + \Delta a_\ell)$$
$$- k^{-N}\Delta a_N \tag{4.5}$$

が得られます. 少し長いですが自分で計算してみてください. どうですか. 見

慣れた式がでてきてませんか.
⋯ あ, 右辺の 1, 2, 3 項は 1 階の偏微分方程式か.
⋯ すると $\phi(x)$ は

$$|\nabla \phi(x)|^2 = c(x)^{-2} \tag{4.6}$$

を満たすようにつくるのね.
⋯ $a_\ell(x)$ は

$$(2\nabla \phi \cdot \nabla + \Delta \phi)a_0 = 0,$$
$$i(2\nabla \phi \cdot \nabla + \Delta \phi))a_{\ell+1} + \Delta a_\ell = 0, \quad \ell \geq 0 \tag{4.7}$$

を満たすように作るのか.
⋯ (4.6) を**アイコナール方程式** (eikonal equation), (4.7) を**輸送方程式** (transport equation) とよんでいます. これらを解くと $v(t,x;k)$ は

$$\frac{\partial^2 v}{\partial t^2} = c(x)^2 \Delta v + O(k^{-N})$$

を満たし k が大きいときに波動方程式の近似解になります.
⋯ でもこれは方程式を完全に満たしてはいないでしょう.
⋯ 偏微分方程式の知識を使いますと, (4.1) の解 $u(t,x;k)$ であって $v(t,x;k) - u(t,x;k) \to 0$ $(k \to \infty)$ を満たすものを作ることができます. $v(t,x;k)$ は本当の波を近似しているんです.
⋯ k を無限大にしなくてはいけないんでしょう. 現実的なんですか?
⋯ 目に見える光の振動数の範囲では十分に現実と対応していることが分かっています. (4.2) から波の山や谷, そういうものを位相といいますが, それは $\phi(x) - t = $ 定数という式から定まります. そのため $\phi(x)$ を**相関数** (phase function) といいます. 例として $c(x) = c_0$ (定数) という場合を考えましょう. 真空中や空気中がこの場合にあたります. すると ω を長さ 1 の定ベクトルとして

$$e^{ik(x \cdot \omega/c_0 - t)}$$

という解が見つかります. この波の山は $x \cdot \omega/c_0 - t = C$ ですから平面です. また

$$e^{ik(r/c_0 - t)} r^{-(n-1)/2}, \quad r = |x|$$

という解もあります．この波の山は球面です．これらをそれぞれ平面波，球面波とよんでいます．

　私たちはじつはこの相関数を通じて光を理解しているんですね．ある時刻 t で波の山が $\phi(x) - t = C$ という曲面をなしていたとしましょう．この曲面の法線ベクトルは $\nabla \phi(x)$ ですね．そこで (4.6) を解いたときのことを思い出してください．

… えーと，$H(x, \xi) = |\xi|^2 - c(x)^{-2}$ とおいて特性曲線

$$\frac{dx}{dt} = \frac{\partial H}{\partial \xi} = 2\xi, \quad \frac{d\xi}{dt} = -\frac{\partial H}{\partial x} = \frac{\partial c(x)^{-2}}{\partial x} \tag{4.8}$$

を考えるんだったな．

… $\xi = \nabla_x \phi(x)$ だったから dx/dt は波の山に直交しているのか．

… 波の山を波の形だと思うことにしますと，$x(t)$ が波の動きを表していることになります．それで光の場合には $x(t)$ のことを**光線** (ray) とよんでいるんです．

> 光線とは特性曲線 (4.8) の x 成分

この光線の動きによって光を理解するのが**幾何光学** (geometrical optics) の考え方です．

4.2　波の反射

… 光の反射の法則って知ってますか．

… たしか入射角と反射角が等しいということだったと思いますが．

… 反射の法則を漸近解から導きましょう．$\mathbf{R}^n$ の中に有限な大きさの物体 Ω があるとします．その外側の領域を D としそこで波動方程式 (4.1) を考えます．Ω の境界を S としますと，解 $u(t, x)$ には境界条件を課す必要があります．ここではノイマン条件を考えましょう．それは S 上の点 x での外向き，つまり物体の反対側を向いている長さ 1 の法線ベクトルを $\nu(x)$ としますと

$$\frac{\partial}{\partial \nu} u(t, x) = \nu(x) \cdot \nabla_x u(t, x) = 0 \tag{4.9}$$

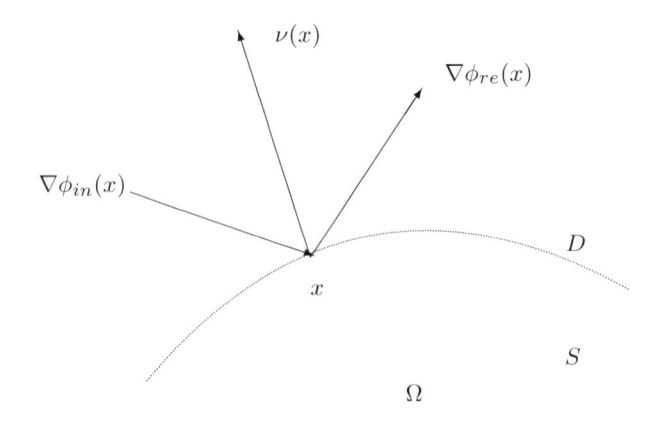

図 **4.2-1** 反射の法則

が満たされているということです. 光や音波はこの条件を満たします.
… すると漸近解もこの条件を満たすように求めないといけないんですね.
… そうです. $v(t,x;k)$ を前節で求めた (4.2) という近似解としましょう. ここで入射波であることを強調するために $\phi(x) = \phi_{in}(x)$ と書きましょう. in は incoming wave のつもりです. 反射を考慮した近似解 $w(t,x;k)$ を

$$w(t,x;k) = v(t,x;k) + e^{ik(\phi_{re}(x)-t)}b(x,k) \tag{4.10}$$

という形で求めます. $\phi_{re}(x)$ は reflected wave のつもりです. すると

$$\left(c(x)^{-2}\frac{\partial^2}{\partial t^2} - \Delta\right)e^{ik(\phi_{re}(x)-t)}b(x,k) = -\left(c(x)^{-2}\frac{\partial^2}{\partial t^2} - \Delta\right)v(t,x;k)$$

となるべきですから

$$b(x,k) = \sum_{\ell=0}^{N} k^{-\ell}b_\ell(x) \tag{4.11}$$

とおきますと

$$e^{-ik(\phi_{re}(x)-t)}\left(c(x)^{-2}\frac{\partial^2}{\partial t^2} - \Delta\right)e^{ik(\phi_{re}(x)-t)}b$$
$$= k^2(|\nabla\phi_{re}|^2 - c(x)^{-2})b$$
$$\quad - ik(2\nabla\phi_{re}\cdot\nabla + \Delta\psi)b_0$$

$$-\sum_{\ell=0}^{N-1} k^{-\ell}(i(2\nabla\phi_{re}\cdot\nabla + \Delta\psi)b_{\ell+1} + \Delta b_\ell)$$

$$- k^{-N}\Delta b_N$$

$$= e^{ik(\phi_{re}(x) - \phi_{re}(x))} k^{-N}\Delta a_N$$

となります.

··· すると $\phi_{re}(x)$ や $b_\ell(x)$ はアイコナール方程式や輸送方程式を解けばよいことになりますね. 前と同じだ.

··· でも境界条件を考えないといけないぞ.

··· そうだな. $\partial_\nu = \nu \cdot \nabla_x$ とおいて

$$\partial_\nu\left(e^{ik\phi_{re}}b\right) + \partial_\nu\left(e^{ik\phi_{in}}a\right) = 0, \quad x \in S$$

としたいんだから

$$ik\left\{e^{ik\phi_{re}}\partial_\nu\phi_{re}b_0 + e^{ik\phi_{in}}\partial_\nu\phi_{in}a_0\right\}$$

$$+ \left\{e^{ik\phi_{re}}(i\partial_\nu\phi_{re}b_1 + \partial_\nu b_0) + e^{ik\phi_{in}}(i\partial_\nu\phi_{in}a_1 + \partial_\nu a_0)\right\}$$

$$\vdots$$

$$+ k^{-N+1}\left\{e^{ik\phi_{re}}(i\partial_\nu\phi_{re}b_N + \partial_\nu b_{N-1}) + e^{ik\phi_{in}}(i\partial_\nu\phi_{in}a_N + \partial_\nu a_{N-1})\right\}$$

$$+ k^{-N}\left\{e^{ik\phi_{re}}\partial_\nu b_N + e^{ik\phi_{in}}\partial_\nu a_N\right\}$$

$$= 0$$

を満たすようにしたいのか. さてどうしよう.

··· S 上で

$$\phi_{re}(x) = \phi_{in}(r) \tag{4.12}$$

が成り立つようにしたらどうでしょう.

··· すると S 上で

$$\begin{aligned}&\partial_\nu\phi_{re}b_0 + \partial_\nu\phi_{in}a_0 = 0, \\ &i\partial_\nu\phi_{re}b_\ell + \partial_\nu b_{\ell-1} + i\partial_\nu\phi_{in}a_\ell + \partial_\nu a_{\ell-1} = 0, \quad 1 \leq \ell \leq N\end{aligned} \tag{4.13}$$

を満たす, というのが輸送方程式の境界条件か. これで近似解は境界条件を

$O(k^{-N})$ の誤差で満たしていることになる.
… さてそこでアイコナール方程式

$$|\nabla \phi_{re}(x)|^2 - c(x)^{-2} = 0 \qquad (4.14)$$

を解くことを考えましょう. 条件は (4.12) だけでいいですか?
… S 上の 1-形式として

$$d\phi_{re}(x) = \sum_{j=1}^{n} \pi_j(x) dx^j, \qquad (4.15)$$

$$\sum_{j=1}^{n} \pi_j(x)^2 - c(x)^{-2} = 0 \qquad (4.16)$$

が満たされてないといけなかったんですけど, $\pi(x)$ はどうやって求めるのかしら.
… S がパラメータ $\theta = (\theta^1, \cdots, \theta^{n-1})$ で $x = x(\theta)$ と表されているとしましょう. S 上の 1-形式として $d\phi_{re}(x)$ を計算しますとアインシュタインの規約を使って

$$d\phi_{re}(x) = \frac{\partial \phi_{re}}{\partial \theta^i} d\theta^i = \pi_j \frac{\partial x^j}{\partial \theta^i} d\theta^i$$

ですから

$$\frac{\partial \phi_{re}}{\partial \theta^i} = \pi_j \frac{\partial x^j}{\partial \theta^i} = \pi \cdot \frac{\partial x}{\partial \theta^i} \qquad (4.17)$$

とならなくてはなりません.

ここで注意なんですが, $\phi_{in}(x)$ に対しても同じように $\pi(x)$ を求めなくてはならないはずですね. そこで $\phi_{in}(x), \phi_{re}(x)$ に対する $\pi(x)$ をそれぞれ, $\pi_{in}(x)$, $\pi_{re}(x)$ と書くことにしましょう. ところが S 上で $\phi_{in}(x) = \phi_{re}(x)$ ですから,

$$\phi_{in}(x(\theta)) = \phi_{re}(x(\theta))$$

です. したがって (4.17) によって

$$\pi_{in}(x) \cdot \frac{\partial x}{\partial \theta^i} = \pi_{re}(x) \cdot \frac{\partial x}{\partial \theta^i} \qquad (4.18)$$

です. そこで $\pi_{re}(x)$ を

$$\pi_{re}(x) = \pi_{re}(x)^{nor} + \pi_{re}(x)^{tan}$$

と直交分解しましょう. ここで
$$\pi_{re}(x)^{nor} = (\pi_{re}(x) \cdot \nu(x))\nu(x)$$
です. $\pi_{in}(x)$ も同じように分解します. $\partial x/\partial \theta^i$ は S の接ベクトルですから (4.18) を見ますと
$$\pi_{in}^{tan}(x) = \pi_{re}^{tan}(x) \tag{4.19}$$
となるべきです. $\pi_{re}(x)^{nor}$ を (4.16) から求めますと
$$\pi_{re}(x)^{nor} = \pm\sqrt{c(x)^{-2} - |\pi_{re}(x)^{tan}|^2}\nu(x)$$
です. この条件は入射波 $\phi_{in}(x)$, 反射波 $\phi_{re}(x)$ 双方に対して成り立っていなくてはなりません. するとどういうことになりますか?

… 符号が逆になるような気がするんですけど何かよくつかめなくて.

… 入射波に対しては $\pi_{in}(x) = \nabla_x \phi_{in}(x)$ です. これは特性曲線の x 成分の進む方向なのですが, 入射波を考えるときはアイコナール方程式を解くときに物体の外側に初期面をおいて物体に向かって特性曲線を進ませています. だから $\pi(x)$ は物体の内部に向かっているんです. ところが反射波は跳ね返るんですから物体の外側に特性曲線を向かわせますね. だから入射波と反射波では $\pi(x)$ の符号が反対なんです. これは
$$\pi_{re}(x)^{nor} = -\pi_{in}(x)^{nor} = \sqrt{c(x)^{-2} - |\pi_{re}(x)^{tan}|^2}\nu(x), \tag{4.20}$$
言い換えますと
$$\nu(x) \cdot \nabla_x \phi_{re}(x) = -\nu(x) \cdot \nabla_x \phi_{in}(x) \tag{4.21}$$
と書けます. $\nabla_x \phi_{in}(x)$ が入射光線の方向, $\nabla_x \phi_{re}(x)$ が反射光線の方向ですからこれはまさに反射の法則です.

4.3 波の屈折

… 水を入れたコップにストローをさすと水面のところで折れて見えますね. 理由が分かりますか?

… 空気中と水中では光の速さが違うせいだと習ったんですが理由はよく分かりませんでした.

... この光の屈折も幾何光学で説明できるんですね. $\mathbf{R}^n$ の中で S は $x_n = 0$ という平面としましょう. S を界面とよびます. $\mathbf{R}^n$ 全体で波動方程式 (4.1) を考えます. ただし $c(x)$ は S を境にして不連続で, $x_n > 0$ と $x_n < 0$ でそれぞれ定数 c_1, c_2 であるとします. この場合には漸近解として

$$v(t,x;k) = \begin{cases} e^{ik(\phi_{in}(x)-t)}a(x,k) + e^{ik(\phi_{re}(x)-t)}b(x,k), & x_n > 0, \\ e^{ik(\phi_{tr}(x)-t)}c(x,k), & x_n < 0 \end{cases} \quad (4.22)$$

という形のものを考えます. $\phi_{tr}(x)$ は transmitted wave のつもりです. $v(t,x;k)$ は S で連続であるべきなので

$$\phi_{in}(x) = \phi_{re}(x) = \phi_{tr}(x), \quad x \in S, \quad (4.23)$$

$$a(x,k) + b(x,k) = c(x,k), \quad x \in S \quad (4.24)$$

がまず満たされるべきです. また 1 階微分も S で連続であるべきなので

$$ik\frac{\partial \phi_{in}}{\partial x_n}a + \frac{\partial a}{\partial x_n} + ik\frac{\partial \phi_{re}}{\partial x_n}b + \frac{\partial b}{\partial x_n} = ik\frac{\partial \phi_{tr}}{\partial x_n}c + \frac{\partial c}{\partial x_n}, \quad x \in S \quad (4.25)$$

でなくてはなりません. $\phi_{re}(x)$ については前節で考えたことがそのまま通用します. S の単位法線ベクトルを $\nu = (0, \cdots, 0, 1)$ と定めると (4.21) によって

$$(-\nabla \phi_{in}) \cdot \nu = -\frac{\partial \phi_{in}}{\partial x^n} = \frac{\partial \phi_{re}}{\partial x^n} \quad (4.26)$$

ですから (4.25) は

$$ik\frac{\partial \phi_{in}}{\partial x_n}(a-b) + \frac{\partial a}{\partial x_n} + \frac{\partial b}{\partial x_n} = ik\frac{\partial \phi_{tr}}{\partial x_n}c + \frac{\partial c}{\partial x_n}, \quad x \in S \quad (4.27)$$

となります. $\phi_{tr}(x)$ はアイコナール方程式 $|\nabla_x \phi_{tr}(x)|^2 = c_2^{-2}$ の解で $\pi(x)$ としては $j = 1, \cdots, n-1$ に対しては $\pi_j(x) = \dfrac{\partial \phi_{in}}{\partial x^j}$, $\pi_n(x)$ としては

$$\pi_n(x) = -\sqrt{c_2^{-2} - \sum_{j=1}^{n-1}\left(\frac{\partial \phi_{in}}{\partial x^j}\right)^2} \quad (4.28)$$

です. したがって

$$\nabla \phi_{tr} \cdot (-\nu) = -\frac{\partial \phi_{tr}(x)}{\partial x_n} = \sqrt{c_2^{-2} - \sum_{j=1}^{n-1}\left(\frac{\partial \phi_{in}}{\partial x^j}\right)^2} \quad (4.29)$$

となります. これで重要部分はすみました. a, b, c は $\sum k^{-j} a_j, \sum k^{-j} b_j, \sum k^{-j} c_j$ という形であるとして輸送方程式を解いて構成します. S で初期条件を与えなくてはいけませんが (4.24) と (4.27) をみますと b_0, c_0 は

$$\begin{cases} a_0 + b_0 = c_0, \\ \dfrac{\partial \phi_n}{\partial x^n}(a_0 - b_0) = \dfrac{\partial \phi_{tr}}{\partial x^n} c_0 \end{cases}$$

という条件を満たすべきです. b_j, c_j, $j \geq 1$, に対する初期条件も同様にみつかります.

… いや, なかなか大変ですね.

… 途中の計算はあまり気にしないことにして (4.26) と (4.29) に注目してください. ϕ_{in} は $|\nabla \phi_{in}|^2 = c_1^{-2}$ の解ですから特に

$$\phi_{in}(x) = x \cdot \omega / c_1, \quad \omega = (\omega_1, \cdots, \omega_n) \in S^{n-1}, \quad \omega_n < 0 \qquad (4.30)$$

というものを想定しましょう. これは下向きに進む平面波です. この波に対する光線は ω 方向に進んで S にぶつかります. この光線が法線 $-\nu$ となす角を θ_1 としますと $\nabla \phi_{in} \cdot (-\nu) = -\omega_n / c_1 = |\nabla \phi_{in}| \cos \theta_1$ から

$$\cos \theta_1 = -\omega_n \qquad (4.31)$$

となります. また屈折波 ϕ_{tr} が法線 $-\nu$ となす角を θ_2 としますと $\omega = (\omega', \omega_n)$ として

$$\nabla \phi_{tr} \cdot (-\nu) = \sqrt{c_2^{-2} - c_1^{-2}(\omega')^2} = c_2^{-1} \cos \theta_2$$

から

$$\cos \theta_2 = \sqrt{1 - \left(\frac{c_2}{c_1}\right)^2 (\omega')^2} \qquad (4.32)$$

となります. (4.31) と (4.32) を比べてごらんなさい. $c_2 < c_1$ のときはどうなりますか？

… (4.31) から

$$\cos \theta_2 = \sqrt{1 - \left(\frac{c_2}{c_1}\right)^2 (\omega')^2} > \sqrt{1 - (\omega')^2} = \cos \theta_1$$

だから $0 < \theta_2 < \theta_1$ となって, これはなにを意味するかというと.

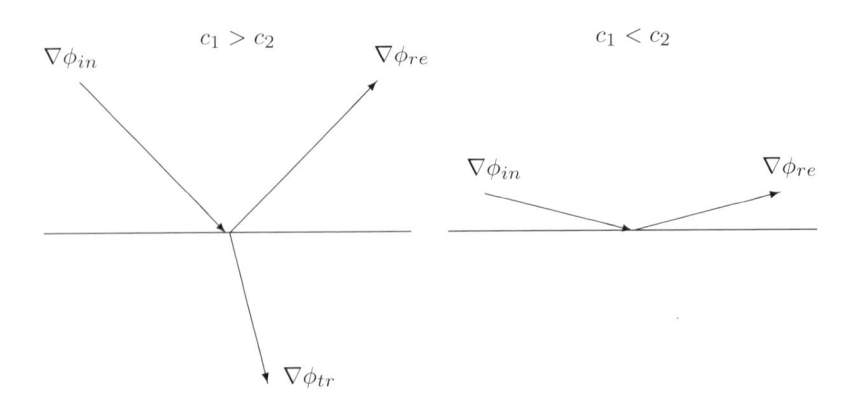

$c_1 > c_2$ の場合と $c_1 < c_2$ の場合の図

図 **4.3-1** 反射・屈折・全反射

⋯ 光線が深い方向に折れ曲ったんだ.
⋯ $c_2 > c_1$ のときはどうなりますか？
⋯ 不等号が反対になるんだから今度は光線が浅い方向に折れ曲るのか.
⋯ 待てよ. そしたら非常に浅く入射したらどうなるんだ.
⋯ $|\omega'|$ が 1 に近かったら, (4.32) のルートの中は負になってしまうぞ.
⋯ そのときは $\phi_{tr}(x)$ を作ることができません. 屈折波が存在しないんです. あるいは $\phi_{tr}(x)$ が純虚数になりますので $e^{ik\phi_{tr}(x)} = e^{-k|\phi_{tr}(x)|}$ となり, 指数的に減少して誤差項 $O(k^{-N})$ に含まれてしまう, というのがいいかもしれません. この状態を**全反射**といいます. 全反射が起こる最少の θ_1 (臨界角) は

$$\sin\theta_1 = \frac{c_1}{c_2} \tag{4.33}$$

から定まります.
⋯ $|\omega'|c_2/c_1 = 1$ から計算したらいいのね.
⋯ このように波の速さの遅いところから速いところへ波が伝わりますと界面のところで全反射が起こります.
⋯ 界面というのは境目のことね.
⋯ そうです. そこで 3 層に分かれた媒質 $M_1 = \{x; x_n > 1\}$, $M_2 = \{x; -1 <$

$x_n < 1\}$, $M_3 = \{x\ x_n < 1\}$ を考えます。真ん中の層 M_2 での波の速度が一番遅いときに波が上下の界面で全反射されて真ん中の層の中だけを伝わっていくことが起こり得ます。このような波を guided wave といいます。

　音波の場合を考えますと音は温度が高いと速くなります。大気や海水の温度は地表や水面から離れるにつれて下がりますが，ときどき温度が逆転した層ができることがあります。guided wave は現実のものです。

⋯ 夜汽車の音がよく聞こえる晩がある，というのはこのことかしら。

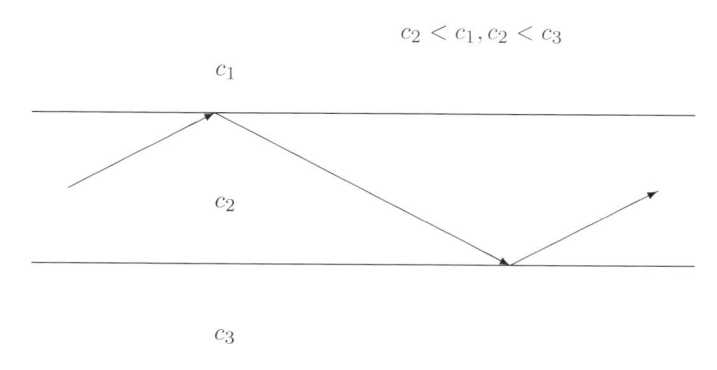

$$c_2 < c_1, c_2 < c_3$$

図 **4.3-2** Guided wave

4.4　ホイゲンスの原理

⋯ パラメータ $\theta = (\theta_1, \cdots, \theta_m)$ に依存する曲面 $S_\theta = \{x\,;\,\varphi(x,\theta) = 0\}$ があるとします。θ を動かしてできる曲面族 $\{S_\theta\}_\theta$ の包絡面はどうやって作りますか。

⋯ θ で微分して

$$\frac{\partial}{\partial \theta_j}\varphi(x,\theta) = 0, \quad j = 1, \cdots, m$$

から $\theta = \theta(x)$ を求めて $\phi(x) = \varphi(x, \theta(x))$ とおけば $S = \{x\,;\,\phi(x) = 0\}$ が包絡面だったと思いますが。

⋯ そうですね。それでは $\varphi(x,\theta)$ が方程式 $P(x, \nabla_x \varphi(x,\theta)) = 0$ を満たしていれば $\phi(x)$ も同じ方程式 $P(x, \nabla_x \phi(x)) = 0$ を満たしていることを示してください。

……えーと $\varphi(x,\theta(x))$ を微分するのかな.

$$\frac{\partial}{\partial x_i}\varphi(x,\theta(x)) = (\frac{\partial \varphi}{\partial x_i})(x,\theta(x)) + \sum_j (\frac{\partial \varphi}{\partial \theta_j})(x,\theta(x))\frac{\partial \theta_j}{\partial x_i}(x)$$

だから, $\nabla_x\phi(x) = (\nabla_x\varphi)(x,\theta(x))$ となって OK だ.

……前にホイゲンスの原理というのをやりましたね. 覚えてますか.

……えーと, 波の先端の各点から波をだして, それらの作る波の先端の包絡面がまた新たな波の先端の面になる, ということだったと思いますが.

……そのとおりです. 波の先端のなす面を波面とよびます. じつは波面の族の包絡面から新たな波面ができるという計算の実質は上でやったものなんです. $P(x,\nabla\phi(x))=0$ としてアイコナール方程式を考えればいいんですね.

……でもこの計算は包絡面だけに関したことでしょう. 波の運動とはどう関係するんですか.

……その橋渡しをするのが**定常位相の方法** (stationary phase method) とよばれる積分の漸近値を求める方法です. 大きいパラメータ λ を含んだ次のような積分を考えましょう.

$$I(\lambda) = \int_{\mathbf{R}^n} e^{i\lambda\varphi(x)} a(x) dx \tag{4.34}$$

$\varphi(x)$ は実数値関数です.

$$\varphi''(x) = \left(\frac{\partial^2 \varphi}{\partial x_i \partial x_j}(x)\right)$$

とおきます. $\nabla\varphi(x) = 0$ となる x は $a(x)$ の台の中には唯一つしかなく, それを x_0 とおくと

$$\det \varphi''(x_0) \neq 0$$

であると仮定します. そうすると $\lambda \to \infty$ のとき

$$I(\lambda) \sim e^{i(\lambda\varphi(x_0) + \mathrm{sgn}\,\varphi''(x_0)\pi/4)} \left(\frac{2\pi}{\lambda}\right)^{n/2} |\det \varphi''(x_0)|^{-1/2} a(x_0) \tag{4.35}$$

のようになる, というものです. ここで対称行列 A に対して n_+ を A の正の固有値の個数, n_- を A の負の固有値の個数として $\mathrm{sgn}\,(A) = n_+ - n_-$ です. この方法を球面上の積分に使いますと $r = |x|$, $\omega = x/r$ として

$$\int_{S^{n-1}} e^{i\lambda x\cdot\theta} a(\theta) d\theta$$
$$\sim e^{i(\lambda r-(n-1)\pi/4)}\Big(\frac{2\pi}{\lambda r}\Big)^{(n-1)/2} a(\omega) + e^{-i(\lambda r-(n-1)\pi/4)}\Big(\frac{2\pi}{\lambda r}\Big)^{(n-1)/2} a(-\omega) \tag{4.36}$$

という結果が得られます.

··· (4.35) では右辺に一つの項しかでてきてないのに (4.36) では 2 つでてきてますが.

··· そこだけは説明しなくてはいけないでしょうね. $\varphi(x,\theta) = x\cdot\theta$ とおきます. 球面上ですから例えば $\theta_n = (1 - \sum_{i=1}^{n-1}\theta_i^2)^{1/2}$ と仮定します. すると

$$\frac{\partial\varphi(x,\theta)}{\partial\theta_i} = x_i - x_n\frac{\theta_i}{\theta_n} = 0, \quad 1\leq i\leq n-1$$

となって ω を与えますとこれを満たす θ は $\theta = \pm\omega$ と 2 つでてくるんです. そこで $a(\theta)$ をその台が $\pm\omega$ を含むように 2 つに分けておいて $\varphi(x,\pm\omega) = \pm r$ に注意すれば (4.36) が得られます.

··· すると (4.36) という積分と波を結びつければいいんだな. どうするんだろ.

··· (4.2) で考えた漸近解を思い出しましょう. $c(x)$ は簡単のために c_0 という定数だとしましょう. そこでの $\phi(x)$ として $\phi(x,\theta) = x\cdot\theta/c_0$ を考えます. ただし θ は長さ 1 のベクトルです. するとアイコナール方程式は

$$|\nabla\phi(x,\theta)|^2 = c_0^{-2}$$

で成り立っています. さらに輸送方程式を解くのですが, 輸送方程式の初期値は原点中心半径 R の球面上にとることにします. そのようにしておいて次の積分を考えましょう.

$$u(t,x;k) = \int_{S^{n-1}} e^{ik(x\cdot\theta/c_0-t)} a(x,k) d\theta \tag{4.37}$$

$u(t,x;k)$ は波動方程式

$$c_0^{-2} u_{tt} = \Delta u$$

を漸近的に満たします. (4.37) に (4.36) を適用するとどうなりますか.

… $k \to \infty$ のときに

$$u(t,x;k) \sim \frac{e^{ik(r/c_0-t)}}{(kr)^{(n-1)/2}} b_+(x,k) + \frac{e^{-ik(r/c_0+t)}}{(kr)^{(n-1)/2}} b_-(x,k) \quad (4.38)$$

という形になるけど，これはどういう波かな．

… $u(t,x;k)$ は $e^{ik(x\cdot\theta/c_0-t)}$ という平面波の重ね合わせだ．ところが k が大きいときにはそれが球面波になっているということなんだ．

… (4.38) は 2 つの波に見えるんだけど．

… 波の山が $k(r/c_0-t)=C$ で表されているとすると，第 1 項は時間とともに拡がっていく波面で，第 2 項は $k(r/c_0+t)=C$ だから時間とともに小さくなっていく波面だ．時刻 $t=0$ では半径 R の球面の上だけで波を起こしたんだから拡がるものと狭まるものの 2 種類あるのは当然だ．

… するとこれはホイゲンスの原理と同じことをいっているのか．

… だけどホイゲンスの原理のときには最初の波面から球面波をだしたぞ．$u(t,x;k)$ は平面波をあらゆる方向に出しているんじゃないのかな．

… この辺はもう少し詳しく論じないといけないんですが，大体次のように考えればいいと思います．ある時刻での波面から幅の非常に細い帯状の平面波を波面に垂直な方向にだします．するとこれらの波の先端は幅の細い平面波になっているでしょう．それらの包絡面として次の時刻での波面が形成されるという仕組みになっています．

… こういう方法で説明できる光の話って他にもありますか．

… 偏光, 虹, あるいはレンズの色収差など光の古典的な問題はいろいろあります．偏光の問題では光は単に波動方程式を満たすだけでなくじつはマックスウェル方程式を満たすベクトル値関数であることが大切です．上の方法は光の説明の第 1 近似としては非常にいいのですが，物質内の光の速さはじつは振動数にも依存します．そのために虹やレンズの色収差という現象が起こります．光は古典物理学の範囲でもなかなか大変なものです．

4.5 マックスウェルの魚の眼

… ちょっと話題を変えて光の通る路について考えてみましょう．ただし光の速さは一定ではなくて場所によって違うものとします．どう考えればいいで

すか？

… (4.6) がアイコナール方程式なんだから $H(x,\xi) = c(x)^2|\xi|^2$ とおいて $H(x,\nabla\phi) = 1$ の特性曲線を考えればいいんだろうな．すると $\dot{} = \frac{d}{dt}$ として

$$\begin{cases} \dot{x} = \dfrac{\partial H}{\partial \xi} = 2c(x)^2\xi, \\ \dot{\xi} = -|\xi|^2 \nabla c(x)^2 \end{cases} \tag{4.39}$$

を空間 3 次元で解けばいいんだろう．

… 簡単のために $c(x)$ は $r = |x|$ のみの関数であるとして $c(r)$ と書きましょう．すると (4.39) は

$$\begin{cases} \dot{x} = \dfrac{\partial H}{\partial \xi} = 2c(r)^2\xi, \\ \dot{\xi} = -2|\xi|^2 c(r) c'(r) \dfrac{x}{r} \end{cases} \tag{4.40}$$

となります．このとき $x(t)$ はある平面の中だけを動くことが分かりますか？

… 力学で球対称ポテンシャルを考えるときと同じようにやるのかな．とにかくベクトル積をとると $\dot{x} \cdot \xi = 0$, $x \cdot \dot{\xi} = 0$ となって $\frac{d}{dt}(x \cdot \xi) = 0$ だから $x(t) \cdot \xi(t)$ は定ベクトルだな．これを v_0 とおくか．

… $x(t) \cdot v_0 = 0$ だから $v_0 \neq 0$ のときには $x(t)$ は v_0 に直交する平面の中にあるわ．

… それでいいんです．そこで $v_0 = (0,0,1)$ となるものとして微分方程式を書き直してみてください．

… $x(t) = (x_1(t), x_2(t))$ と思っていいんだな．すると

$$\ddot{x} = 4c(r)c'(r)\dot{r}\xi + 2c(r)^2\dot{\xi} = 4c(r)c'(r)\dot{r}\xi - 4c(r)^3 c'(r)|\xi|^2 \frac{x}{r}$$

に $\xi = \dot{x}/(2c(r)^2)$ を代入して

$$\ddot{x} = \frac{c'(r)}{c(r)}\left(2\dot{r}\dot{x} - |\dot{x}|^2 \frac{x}{r}\right)$$

となるけど，さてどうしよう．

… 極座標で書くのがいいと思います．$x = re^{i\theta}$ と複素数にすると計算が簡単になります．

… 実部と虚部に分けて

$$\ddot{r} - r(\dot{\theta})^2 = \frac{c'(r)}{c(r)}((\dot{r})^2 - (r\dot{\theta})^2), \quad 2\dot{r}\dot{\theta} + r\ddot{\theta} = \frac{2c'(r)}{c(r)}r\dot{r}\dot{\theta}$$

となるか. ここからどうしよう.

… 後ろの方程式を

$$\frac{\ddot{\theta}}{\dot{\theta}} = 2\dot{r}\Big(\frac{c'(r)}{c(r)} - \frac{1}{r}\Big)$$

とするとどうなりますか？

… あ, そうか.

$$\frac{d}{dt}\log\dot{\theta} = \frac{d}{dt}\big(\log c(r)^2 - \log r^2\big)$$

となるから積分できて $\dot{\theta} = C(c(r)/r)^2$. これを前の方程式に代入して

$$\ddot{r} = C^2\frac{c(r)^4}{r^3} + \frac{c'(r)}{c(r)}\big((\dot{r})^2 - C^2\frac{c(r)^4}{r^2}\big)$$

となるけどこれ以上は分からないな.

… $c(r)$ を具体的に与えてみましょう. そのためにちょっと唐突ですが**立体射影** (stereographic projection) というものを考えます. 複素関数論でよくでてくるものです.

$\mathbf{R}^3$ の中に球面 $S^2 = \{(x_1, x_2, x_3); x_1^2 + x_2^2 + x_3^2 = 1\}$ をおきます. S 上の点 (y_1, y_2, y_3) と北極 $(0, 0, 1)$ を結ぶ直線と平面 $\Pi : \{x_3 = 0\}$ との交点を $(x_1, x_2, 0)$ とします. 比例を考えれば

$$x_1 = \frac{y_1}{1 - y_3}, \quad x_2 = \frac{y_2}{1 - y_3} \tag{4.41}$$

です. これから少し計算すると $r = (x_1^2 + x_2^2)^{1/2}$ として

$$y_1 = \frac{2x_1}{r^2 + 1}, \quad y_2 = \frac{2x_2}{r^2 + 1}, \quad y_3 = \frac{r^2 - 1}{r^2 + 1} \tag{4.42}$$

となります.

　前にもでてきましたが**リーマン計量** (Riemannian metric) というものを考えます. この辺はまず直観的に理解した方がいいのでそのつもりできいてください. S^2 に接する非常に短いベクトルの長さを計算しましょう. そのために (4.42)

を少し変化させます.それには (4.42) を微分すればいいので (dy_1, dy_2, dy_3) を計算しましょう.

$$dy_1 = \frac{2dx_1}{r^2+1} - \frac{4x_1 r dr}{(r^2+1)^2},$$

$$dy_2 = \frac{2dx_2}{r^2+1} - \frac{4x_2 r dr}{(r^2+1)^2},$$

$$dy_3 = \frac{4r dr}{(r^2+1)^2}$$

ですから

$$(dy_1)^2 + (dy_2)^2 + (dy_3)^2 = \frac{4((dx_1)^2 + (dx_2)^2)}{(r^2+1)^2} - \frac{16r(x_1 dx_1 + x_2 dx_2)dr}{(r^2+1)^3}$$
$$+ \frac{16r^4 (dr)^2}{(r^2+1)^4} + \frac{16r^2 (dr)^2}{(r^2+1)^4} \tag{4.43}$$

となります.

……あのー,dy_1 などは今までにでてきた外微分だと思うんですが,$(dy_1)^2$ というのはなんでしょうか? 外積だったら $dy_1 \wedge dy_1 = 0$ のはずだったんですけど.
……ここは dy_1 などを普通の数として計算していると思ってください.非常に短いとはいえ,ある有限なベクトルの長さを計算しているつもりなのです.計算を続けましょう.平面 Π 上に極座標をとると $x_1 = r\cos\theta$, $x_2 = r\sin\theta$ ですから

$$dx_1 = \cos\theta dr - r\sin\theta d\theta,$$

$$dx_2 = \sin\theta dr + r\cos\theta d\theta$$

ですから

$$(dx_1)^2 + (dx_2)^2 = (dr)^2 + (rd\theta)^2$$

となります.また $x_1^2 + x_2^2 = r^2$ から

$$x_1 dx_1 + x_2 dx_2 = r dr$$

となります.これらのことから (4.43) は

$$(dy_1)^2 + (dy_2)^2 + (dy_3)^2 = \frac{4}{(r^2+1)^2}((dr)^2 + (rd\theta)^2)$$

$$= \frac{4}{(r^2+1)^2}((dx_1)^2 + (dx_2)^2) \quad (4.44)$$

となります.

… 見たことがあるような式だけどどんな意味があるのかしら.

… $\Pi : \{x_3 = 0\}$ という平面上に (x_1, x_2) を始点とする (dx_1, dx_2) というベクトルがあるとき, その長さを $2\sqrt{(dx_1)^2 + (dx_2)^2}/(r^2+1)$ とする, という意味なんです.

… 遠くにあるベクトルはじつは短い, ということだな.

… 地図上の距離は本当の距離ではないので, 球面に戻して考えないといけない, ということね. なんだか世界地図みたい.

… メルカトール図法による世界地図がおなじみだと思います. それも同じ性質を持っています. ただし, ここでの立体射影はメルカトール図法とは違います.

さて話をもとに戻して

$$c(r) = \frac{r^2+1}{2} \quad (4.45)$$

としましょう. この空間での波の方程式は

$$\frac{\partial^2 u}{\partial t^2} = c(r)^2 \Delta u$$

です. アイコナール方程式は

$$|\nabla \phi(x)|^2 = \frac{1}{c(r)^2}$$

で対応する特性曲線は (4.40) です.

… ということは光の速さが (4.45) で与えられる空間では光の通る路は (4.40) によって求められる, ということなんですね.

… そうなんです. そのことからじつは思いがけないことが分かります. (4.44) を考えてみますと, 平面 $\Pi : \{x_3 = 0\}$ の中で光の速さが (4.45) で与えられている, ということは球面 S^2 の上で光の速さが 1 だ, ということです. ところで光は最短距離を進みますね. 球面の上で最短距離を与える線はどんなものですか?

… あ, それ聞いたことがあります. 球面上の 2 点 P, Q を通る最短線は P, Q を通る大円です.

… 大円ってなんだったっけ?

··· 球の中心を通る平面による球の切り口にできる円のことや. P, Q と球の中心の 3 点を通る平面で球面を輪切りにして, 切り口の円の上で 2 点 P, Q 間の距離を測ればいいんや. でも, それからなにが分かるんやろ.

··· 関数論の授業で立体射影は円を円に写す, と習ったわ. だから Π 平面の中でも光は円の上を動くのよ.

··· あ, そうか. 光の速さが定数でない空間では光は曲がって進むのか. ということは光の速さが (4.45) で与えられる空間では光がもとに戻ってくる, ということだな.

··· そうなんです. 球面上で中心に関して対称な 2 点 P, Q を通る光は立体射影によって対応する Π 平面内の 2 点 P', Q' を通る円上を進みます. この円上に障害物がなければ Q' では P' が見えることになります.

··· なるほどな. 物陰であっても見えてしまうんだ.

··· 物理的には分かったような気がするんですが, 今の話は数学的にはどういうことなんでしょう.

··· 一般的には多様体というものを考えるんですが, 分かりやすくするために $\mathbf{R}^n$ の中の領域 M 内の任意の点 x を与えたとき, x を始点とするベクトル $v = (v^1, \cdots, v^n)$ の長さを

$$\Big(\sum_{i,j=1}^n g_{ij}(x) v^i v^j \Big)^{1/2} \tag{4.46}$$

とする, という規則が与えられているとします. ここで $(g_{ij}(x))$ は $n \times n$ の正定値対称行列であるとします. このとき $(g_{ij}(x))$ の逆行列を $(g^{ij}(x))$ として

$$H(x, \xi) = \sum_{i,j=1}^n g^{ij}(x) \xi_i \xi_j$$

とおきます. このとき M 内の 2 点を通る最短曲線 (測地線) は

$$\dot{x}^i = \frac{\partial H}{\partial \xi_i}, \quad \dot{\xi}_i = -\frac{\partial H}{\partial x^i}, \tag{4.47}$$

という微分方程式の解で与えられます. これはアイコナール方程式 $H(x, \nabla \phi) = 1$ の特性曲線と同じものです. 普通は (4.46) の括弧の中を

$$ds^2 = \sum_{i,j=1}^n g_{ij}(x) dx^i dx^j$$

と書いてリーマン計量とよんでいます. 上の例では $\Pi : \{x_3 = 0\}$ の上で

$$ds^2 = \frac{4}{(r^2+1)^2}((dx_1)^2 + (dx_2)^2)$$

というリーマン計量を考えたことになります.

… この話はおもしろいんですが数学の演習問題のような気がして, 現実とはあまり関係ないみたいですけど.

… じつは上のような媒質とその中での光の進み方を考えたのはマックスウエル (J. C. Maxwell, 1831–1879) です. そしてそのときの光路の絵は**マックスウエルの魚の目** (Maxwell's fish eye) とよばれています. これは想像上の産物だったんですが, 最近のナノテクノロジーの発展は目覚ましく, このような媒質を作ることに成功しています.

4.6 シュレーディンガー方程式

… 量子力学を勉強したことはありますか?
… 授業で聞いたことはあるんですが, 入口が入りづらい感じで.
… 古典力学よりもずっと深く数学に依存してるようでした.
… そうですね. 公理を準備して体系的に進んでいく方法もあるんですが, やはり典型的な例で納得していくのが一番でしょうね. 自由電子をまず考えましょう. その扱いのために一つ数学の準備をします. $\mathbf{R}^n$ で定義された関数 $f(x)$ に対してその**フーリエ変換**を

$$\hat{f}(\xi) = (2\pi)^{-n/2} \int_{\mathbf{R}^n} e^{-ix\cdot\xi} f(x) dx \tag{4.48}$$

によって定義します. すると**フーリエの反転公式**とよばれる次の式が成り立ちます.

$$f(x) = (2\pi)^{-n/2} \int_{\mathbf{R}^n} e^{ix\cdot\xi} \hat{f}(\xi) d\xi \tag{4.49}$$

この 2 つの式はよく似ているでしょう.

… (4.48) の i が (4.49) では $-i$ に変わっただけなんですね.
… 反転公式が成立するためには $f(x)$ に条件が必要なんですがその辺は気に

しないで進みましょう. さてこの公式を利用するためにまず (4.49) の代わりに

$$\hat{f}_\hbar(\xi) = (2\pi\hbar)^{-n/2} \int_{\mathbf{R}^n} e^{-ix\cdot\xi/\hbar} f(x) dx \tag{4.50}$$

というものを考えます. $\hbar$ はプランク (M. Planck, 1858–1947) の定数とよばれる非常に小さい物理的定数です. そうするとやはり反転公式

$$f(x) = (2\pi\hbar)^{-n/2} \int_{\mathbf{R}^n} e^{ix\cdot\xi/\hbar} \hat{f}_\hbar(\xi) d\xi \tag{4.51}$$

が成り立ちます. 証明してみてください.

… えーとまず

$$\hat{f}_\hbar(\xi) = \hbar^{-n/2} \hat{f}(\xi/\hbar)$$

だから

$$(2\pi\hbar)^{-n/2} \int_{\mathbf{R}^n} e^{ix\cdot\xi/\hbar} \hat{f}_\hbar(\xi) d\xi = \hbar^{-n}(2\pi)^{-n/2} \int_{\mathbf{R}^n} e^{ix\cdot\xi/\hbar} \hat{f}(\xi/\hbar) d\xi$$

となって $\xi/\hbar = \eta$ とおくと $d\xi = (\hbar)^n d\eta$ だから

$$\hbar^{-n}(2\pi)^{-n/2} \int_{\mathbf{R}^n} e^{ix\cdot\xi/\hbar} \hat{f}(\xi/\hbar) d\xi = (2\pi)^{-n/2} \int_{\mathbf{R}^n} e^{ix\cdot\eta} \hat{f}(\eta) d\eta.$$

(4.49) によってこれは $f(x)$ だ.

… もう一つ大事な式を導きましょう. $\Delta_x = \sum_{j=1}^{n} (\partial/\partial x_j)^2$ をラプラシアンとして

$$(2\pi\hbar)^{-n/2} \int_{\mathbf{R}^n} e^{-ix\cdot\xi/\hbar} (\Delta_x f)(x) dx = -\hbar^{-2} |\xi|^2 \hat{f}_\hbar(\xi) \tag{4.52}$$

を示してください.

あ, これ授業ではこうやったんだ. $n = 1$ のときには部分積分によって

$$\int_{-\infty}^{\infty} e^{-ix\xi/\hbar} \frac{\partial}{\partial x} f(x) dx = \left[e^{-ix\xi/\hbar} f(x) \right]_{x=-\infty}^{x=\infty} - \int_{-\infty}^{\infty} \left(\frac{\partial}{\partial x} e^{-ix\xi/\hbar} \right) f(x) dx$$

となるけど $x = \pm\infty$ では $f(x) = 0$ で $\frac{\partial}{\partial x} e^{-ix\xi/\hbar} = -\frac{i}{\hbar} e^{-ix\xi/\hbar}$ だから

$$\int_{-\infty}^{\infty} e^{-ix\xi/\hbar} \frac{\partial}{\partial x} f(x) dx = \frac{i}{\hbar} \int_{-\infty}^{\infty} e^{-ix\xi/\hbar} f(x) dx$$

となる. もう 1 回 x で部分積分すれば (4.52) で $n = 1$ の場合がでてくる. そこで x の代わりに x_j で部分積分すればいい, ということだった.

… 一見いいけど随分形式的な計算だな. $f(\pm\infty) = 0$ なんて成り立つかどうか分からないのに.

… この辺りはきちんと条件を設定しないといけないのですが, 結果としてはうまくいくことが分かっています. そこで信用して (4.52) の公式を使うことにしましょう. もう一つ重要な式として**パーセバル** (Parseval) **の公式**とよばれる

$$\int_{\mathbf{R}^n} |f(x)|^2 dx = \int_{\mathbf{R}^n} |\widehat{f_\hbar}(\xi)|^2 d\xi \tag{4.53}$$

ものがあります.

さて $\mathbf{R}^n$ の中に電子がまったく孤立して存在していたとします. そのようなときに自由電子といいますが, それに対するシュレーディンガー方程式は

$$i\hbar \frac{\partial u}{\partial t} = -\frac{\hbar^2}{2m} \Delta u \tag{4.54}$$

で与えられます. ただし m は電子の質量です. $u = u(t, x)$ がなにを表しているかは後で説明します. u の x に関する (4.50) の意味のフーリエ変換を $\widehat{u}_\hbar(t, \xi)$ とすると (4.52) と (4.54) によって

$$i\hbar \frac{d}{dt} \widehat{u}_\hbar(t, \xi) = \frac{|\xi|^2}{2m} \widehat{u}_\hbar(t, \xi)$$

ですからこの微分方程式を解いて

$$\widehat{u}_\hbar(t, \xi) = e^{-i\frac{t|\xi|^2}{2m\hbar}} \widehat{u}_\hbar(0, \xi) \tag{4.55}$$

です. そこで反転公式 (4.51) によって

$$u(t, x) = (2\pi\hbar)^{-n/2} \int_{\mathbf{R}^n} e^{\frac{i}{\hbar}(x \cdot \xi - \frac{t|\xi|^2}{2m})} \widehat{u}_\hbar(0, \xi) d\xi \tag{4.56}$$

となります. これは自由電子に対するシュレーディンガー方程式の真の解です.

… ちょっと考えさせてください. $\widehat{u}_\hbar(0, \xi)$ は $u(0, x)$ のフーリエ変換ですね. $u(0, x)$ は時刻 0 での電子に対するなにかを表しているんですね.

… そうです. その辺をより分かりやすくするために

$$(U_\hbar(t)f)(x) = (2\pi\hbar)^{-n/2} \int_{\mathbf{R}^n} e^{\frac{i}{\hbar}(x\cdot\xi - \frac{t|\xi|^2}{2m})} \widehat{f}_\hbar(\xi) d\xi \tag{4.57}$$

という線形写像（線形作用素）を導入して

$$u(t) = U_\hbar(t)u(0) \tag{4.58}$$

という書き方をすることもあります．

… $u(t)$ってなんですか？

… 言い忘れました．$u(t,x)$ のことです．自由電子の時間的変化を考えようとしているので空間変数を省略しているのです．

$$\|f\| = \Big(\int_{\mathbf{R}^n} |f(x)|^2 dx\Big)^{1/2}$$

という記号を使いますとパーセバルの公式 (4.53) から

$$\|U_\hbar(t)u(0)\| = \|u(0)\| \tag{4.59}$$

となります．

ところでプランクの定数 $\hbar$ は非常に小さい定数です．このことを用いて $u(t,x)$ を近似的に表してください．

… $1/\hbar = \lambda$ と思って (4.35) を使うんだろうな．

$$\nabla_\xi(x\cdot\xi - \frac{t}{2m}|\xi|^2) = x - \frac{t}{m}\xi = 0$$

から ξ を x で表すと $\xi = mx/t$．これを (4.35) に代入して

$$u(t,x) \sim \Big(\frac{m}{t}\Big)^{n/2} e^{\frac{i}{\hbar}\frac{m|x|^2}{t}} e^{\frac{in\pi}{4}} \widehat{u}_\hbar(0, \frac{mx}{t}) \tag{4.60}$$

が $\hbar$ が小さいときの $u(t,x)$ の様子ですね．

… $x = t\xi/m$ は古典力学で考えたときの電子の位置と運動量の関係を表しているでしょう．

… あ，そうか．$H = |\xi|^2/(2m)$ が古典力学でのハミルトニアンだから $\dot{x} = \partial H/\partial\xi = \xi/m, \dot{\xi} = -\partial H/\partial x = 0$ となって $x = t\xi/m$ か．

… 量子力学の基本的な考え方によりますと，$u(t,x)$ は次のような意味を持っています．まず $\|u(0)\| = 1$ と仮定しておきますと，(4.59) から任意の時刻 t に対して $\|U_\hbar(t)u(0)\| = \|u(t)\| = 1$ となります．そこで x の空間の任意の領域 D

を与えたとき
$$\int_D |u(t,x)|^2 dx$$
を時刻 t において自由電子が空間内の領域 D に発見される確率と解釈するのが量子力学の約束です.

… $D = \mathbf{R}^n$ とするとこの確率は 1 になるな. 電子が空間のどこかにある確率は 1 だからもっともらしいな.

… 次のことが大事なのですが, Ω を $\mathbf{R}^n$ 内の領域とするとき
$$\int_\Omega |\widehat{u}_\hbar(t,\xi)|^2 d\xi$$
は時刻 t において自由電子の運動量が Ω という領域に発見される確率と解釈します. このことからなにがでてくるか考えてみてください.

… (4.55) から $|\widehat{u}_\hbar(t,\xi)| = |\widehat{u}_\hbar(0,\xi)|^2$ だから運動量に対する確率は時間がたっても変化しないということだな. 位置はどうなるんだろう.

… $x = t\xi/m$ を使うんじゃないかしら. 運動量が ξ ということは位置 x が $\xi = mx/t$ という関係を満たしていることなんだから. だけどどう数式を使ったらいいかしら.

… 非常に極端化して $t = 0$ のときに $\widehat{u}_\hbar(0,\xi)$ はある ξ_0 を中心とする非常に小さい半径 ϵ の球の中にあったとするだろう. すると $|\Omega_0|$ を Ω_0 の体積として
$$\widehat{u}_\hbar(0,\xi) = \begin{cases} C_0, & \xi \in \Omega_0, \quad C_0^2|\Omega_0| = 1, \\ 0, & \xi \notin \Omega_0 \end{cases}$$
と考えていいだろう. そこで (4.60) から
$$|u(t,x)|^2 \sim \left(\frac{m}{t}\right)^n |\widehat{u}_\hbar(0,\frac{mx}{t})|^2 = \begin{cases} \left(\frac{m}{t}\right)^n C_0^2, & \frac{mx}{t} \in \Omega_0, \\ 0, & \frac{mx}{t} \notin \Omega_0 \end{cases}$$
となるから時刻 t においては自由電子を $\frac{t}{m}\Omega_0$ に発見する確率はほぼ 1 になる. だから自由電子にたいしては位置と運動量の関係は $x = t\xi/m$ となるんだ.

4.7 半古典近似

… 自由電子でないときもこんなふうになるんですか？
… 例えば粒子が $V(x)$ というポテンシャルから導かれる力の場の中を運動しているとします. 次の方程式

$$|\nabla_x \varphi(x,\eta)|^2 + V(x) = |\eta|^2 \tag{4.61}$$

の解 $\varphi(x,\eta)$ が $x \in D$, $\eta \in \Omega$ に対して存在しているとします. ここで D と Ω は $\mathbf{R}^n$ の中の領域です.
… アイコナール方程式と似てますね.
… (4.61) もアイコナール方程式とよばれています. 光学のときと同じように $(-\hbar^2 \Delta_x + V(x))e^{i\varphi(x,\eta)/\hbar}$ を計算してみてください.
… えーと

$$\left(-\hbar^2 \Delta_x + V(x)\right) e^{\frac{i}{\hbar}\varphi(x,\eta)} = \left(|\nabla_x \varphi(x,\eta)|^2 + V(x) - i\hbar(\Delta_x \varphi(x,\eta))\right) e^{\frac{i}{\hbar}\varphi(x,\eta)}$$

となる. アイコナール方程式を使うと右辺は計算できるんだけど, どう見るのかな.
… $\hbar$ は小さいんだから

$$\left(-\hbar^2 \Delta_x + V(x)\right) e^{\frac{i}{\hbar}\varphi(x,\eta)} = |\eta|^2 e^{\frac{i}{\hbar}\varphi(x,\eta)} + O(\hbar) \tag{4.62}$$

としたらいいんじゃないかな. これは $H = -\hbar^2 \Delta_x + V(x)$ という作用素に対する固有値問題の形だ. $|\eta|^2$ を固有値と思えばいいんだ.
… でもシュレーディンガー方程式の固有値問題って $\mathbf{R}^n$ 全体で考えるはずだぞ. (4.62) が成り立つのは $D \subset \mathbf{R}^n$ の中だけじゃないか
… まさにそのとおりです. すべてが一挙に分かるわけではないのですが, 少なくとも D という領域の中では $H\psi = |\eta|^2 \psi$ という固有値問題の近似解が得られたことになります. さらに Ω の中に台をもつ関数 $g(\eta)$ を考えて

$$u(t,x) = (2\pi\hbar)^{-n/2} \int_{\mathbf{R}^n} e^{\frac{i}{\hbar}(\varphi(x,\eta)-t|\eta|^2)} g(\eta) d\eta \tag{4.63}$$

を考えると

$$i\hbar \partial_t u = Hu + O(\hbar) \tag{4.64}$$

となりますから,時間に依存するシュレーディンガー方程式の近似解がえられたことになります.

… なにかをするための補助手段になる,ということなんでしょうか？

… そうなんです.こういうものを使ってシュレーディンガー方程式の本当の解を詳しく考えることができます.このような考え方を**半古典近似** (semi-classical approximation) といいます.古典力学における運動と比べることによって量子力学的粒子の性質を引き出すことのできる強力な方法で,深い研究がなされています.偏微分方程式や関数解析の知識がいりますので詳しい話はできませんが,次のようなことをしてみましょう.

以下の話を厳密にするのはなかなか大変ですので筋道だけ理解してください.(4.63) で $g(\eta)$ が次のように書けているとしましょう.

$$g(\eta) = (2\pi\hbar)^{-n/2} \int_{\mathbf{R}^n} e^{-\frac{i}{\hbar}x'\cdot\eta} f(x')dx'.$$

これを (4.63) に代入しますと

$$u(t,x) = (2\pi\hbar)^{-n} \iint_{\mathbf{R}^{2n}} e^{\frac{i}{\hbar}(\varphi(x,\eta)-t|\eta|^2-x'\cdot\eta)} f(x')dx'd\eta \tag{4.65}$$

となります.ここで η の積分に注目して定常位相の方法を適用しますと $\hbar \to 0$ のとき

$$\nabla_\eta \varphi(x,\eta) - 2t\eta - x' = 0 \tag{4.66}$$

を満たす η のみが積分に寄与します.言い換えると x', η と $t > 0$ を与えたとき, (4.66) を満たす x のところに粒子がある,ということです.さて,今度は $u(t,x)$ の運動量を考えましょう.

$$(2\pi\hbar)^{-n/2} \int_{\mathbf{R}^n} e^{-\frac{i}{\hbar}x\cdot\xi} u(t,x)dx$$

に (4.63) の積分を代入して x に関する積分のみに注目し定常位相の方法を適用しますと

$$\nabla_x \varphi(x,\eta) = \xi \tag{4.67}$$

を満たす x のみが積分に寄与します.(4.67) と

$$\nabla_\eta \varphi(x,\eta) = y \tag{4.68}$$

を合わせて
$$(x,\xi) \to (y,\eta)$$
を考えるとこれは正準変換になるのでした．したがって $(y,\eta) \to (x,\xi)$ も正準変換です．(4.66) から
$$y = 2t\eta + x'$$
ですから，$(x',\eta) \to (y,\eta) \to (x,\xi)$ と考えれば，これは正準変換の繰り返しです．量子力学においても古典力学と同様に粒子の位置と運動量は正準変換をしながら変化していることになります．

… 量子力学でも背後に正準変換が関連しているんですか．

… そうです．じつはシュレーディンガー (E. Schrödinger, 1887–1961) が最初にシュレーディンガー方程式に関する論文を書いたときに，古典力学との関連に言及しています ([シュレーディンガー])．古典力学では粒子は相空間の中で正準変換を繰り返しながら運動し続けています．シュレーディンガーは量子力学的粒子もある空間の中で正準変換のごときものに従いながら運動しているだろう，という直観をもっていたようです．その頃の数学はまだそこまで発展していなかったのですが，今日では量子力学の数学的基礎も確立し，古典力学を基礎においたシュレーディンガーの描像が正鵠を得ていたことが分かっているのです．

… (4.65) は方程式を (4.64) のように $\hbar$ の誤差を除いて満たすんですが，初期値は $t=0$ とすると $f(x)$ と違うもののような気がするんですが．

… よく見てますね．普通
$$i\hbar\partial_t u = Hu, \quad u(0) = f$$
の解を
$$e^{-\frac{i}{\hbar}tH}f$$
と書いています．$e^{-\frac{i}{\hbar}tH}$ は初期値 f を解 $u(t)$ に対応させる作用素という意味です．上でやったことは
$$I_\varphi f = (2\pi\hbar)^{-n} \iint_{\mathbf{R}^{2n}} e^{\frac{i}{\hbar}(\varphi(x,\xi)-y\cdot\xi)} f(y) dy d\xi$$

という作用素を使うと $\hbar$ の誤差を除いて

$$u(t,x) = e^{-\frac{i}{\hbar}tH} I_\varphi f$$

ということなんです. ですから

$$V(t)f = (2\pi\hbar)^{-n} \iint_{\mathbf{R}^{2n}} e^{\frac{i}{\hbar}(\varphi(x,\eta) - t|\eta|^2 - x'\cdot\eta)} f(x') dx' d\eta$$

という作用素を考えると $\hbar$ の誤差を除いて

$$V(t) = e^{-\frac{i}{\hbar}tH} I_\varphi$$

したがって

$$e^{-\frac{i}{\hbar}tH} = V(t) I_\varphi^{-1} + O(\hbar)$$

となっています.

4.8 経路積分

… ファインマン積分に関連したお話をしましょう. 空間の次元はなんでもいいんですが簡単のために $n=1$ とします. 直線上で運動方程式

$$\frac{d^2 z}{ds^2} = -V'(z) \tag{4.69}$$

を考えます. 時刻 $t>0$ と直線上の点 $x,y \in \mathbf{R}$ を固定します. 時間 s が $0 \leq s \leq t$ を動くとき (4.69) を満たし

$$z|_{s=0} = y, \quad z|_{s=t} = x \tag{4.70}$$

を満たす解を $z(t,s,x,y)$ と書きます. 以下簡単のためにしばしば

$$z(s) = z(t,s,x,y)$$

と書きますが, くどくても時間変数 s だけでなく, パラメータ t,x,y を書きそえるべきです. ラグランジュアン L とは

$$L(z,v) = \frac{1}{2}|\dot{z}|^2 - V(z) \tag{4.71}$$

でした. これらの記号を用いて

$$S(t,x,y) = \int_0^t L(z(t,s,x,y), \frac{\partial z}{\partial s}(t,s,x,y))ds \tag{4.72}$$

とおきましょう．これは**作用積分** (action integral) とよばれます．肝心なのはこの作用積分が次のハミルトン-ヤコビの方程式：

$$\partial_t S(t,x,y) + \frac{1}{2}\left(\partial_x S((t,x,y)\right)^2 + V(x) = 0 \tag{4.73}$$

を満たすことです．

　このためには

$$\partial_x S(t,x,y) = (\frac{\partial z}{\partial s})(t,t,x,y), \tag{4.74}$$

$$\partial_t S(t,x,y) = -\frac{1}{2}\left((\frac{\partial z}{\partial s})(t,t,x,y)\right)^2 - V(x) \tag{4.75}$$

の 2 つを示せばいいのですが, まずこれを証明してください．

⋯ $S(t,x,y)$ を具体的に書くと

$$S(t,x,y) = \int_0^t \left\{\frac{1}{2}\left((\frac{\partial z}{\partial s})(t,s,x,y)\right)^2 - V(z(t,s,x,y))\right\}ds$$

となるな．式が長いから $z(s) = z(t,s,x,y)$ として

$$\partial_x S(t,x,y) = \int_0^t \left\{\frac{\partial z(s)}{\partial s}\frac{\partial^2 z(s)}{\partial x \partial s} - V'(z(s))\frac{\partial z(s)}{\partial x}\right\}ds$$

第 1 項を部分積分するのがよさそうだな．すると

$$\partial_x S(t,x,y) = \left[\frac{\partial z(s)}{\partial s}\frac{\partial z(s)}{\partial x}\right]_0^t - \int_0^t \left\{\frac{\partial^2 z(s)}{\partial^2 s}\frac{\partial z(s)}{\partial x} + V'(z(s))\frac{\partial z(s)}{\partial x}\right\}ds$$

となって (4.69) を使えば右辺第 2 項の積分は 0 になる．第 1 項は, あれ, どうしよう．

⋯ 記号をちゃんと使わなくてはいけないのよ．

$$\left[(\frac{\partial z}{\partial s})(t,s,x,y)(\frac{\partial z}{\partial x})(t,s,x,y)\right]_{s=0}^{s=t} = (\frac{\partial z}{\partial s})(t,t,x,y)(\frac{\partial z}{\partial x})(t,t,x,y)$$
$$- (\frac{\partial z}{\partial s})(t,0,x,y)(\frac{\partial z}{\partial x})(t,0,x,y)$$

を考えるのよね．えーと条件から

$$z(t,0,x,y) = y, \quad z(t,t,x,y) = x$$

だからこれらを x で微分して

$$(\frac{\partial z}{\partial x})(t,0,x,y) = 0, \quad (\frac{\partial z}{\partial x})(t,t,x,y) = 1$$

となるでしょ. すると, あ, (4.74) になってるわ.

… (4.75) も同じようにできそうだな. $z(t,s,x,y)$ を $z(t,s)$ と書いて

$$\partial_t S(t,x,y) = L(z(t,t),(\frac{\partial z}{\partial s})(t,t)) + \int_0^t \frac{\partial}{\partial t} L(z(t,s),(\frac{\partial z}{\partial s})(t,s))ds$$

としておいて

$$\frac{\partial}{\partial t} L(z(t,s),(\frac{\partial z}{\partial s})(t,s)) = \frac{\partial}{\partial t}\left(\frac{1}{2}(\frac{\partial z}{\partial s}(t,s))^2 - V(z(t,s))\right)$$
$$= \frac{\partial z}{\partial s}(t,s)\frac{\partial^2 z}{\partial t \partial s}(t,s) - V'(z(t,s))\frac{\partial z}{\partial t}(t,s)$$

となることに注意する. これを部分積分して

$$\int_0^t \frac{\partial}{\partial t} L(z(t,s),(\frac{\partial z}{\partial s})(t,s))ds$$
$$= \left[\frac{\partial z}{\partial s}(t,s)\frac{\partial z}{\partial t}(t,s)\right]_{s=0}^{s=t}$$
$$\quad - \int_0^t \left(\frac{\partial^2 z}{\partial^2 s}(t,s)\frac{\partial z}{\partial t}(t,s) + V'(z(t,s))\frac{\partial z}{\partial t}(t,s)\right)ds$$
$$= (\frac{\partial z}{\partial s})(t,t)(\frac{\partial z}{\partial t})(t,t) - (\frac{\partial z}{\partial s})(t,0)(\frac{\partial z}{\partial t})(t,0)$$

だから

$$\partial_t S(t,x,y) = \frac{1}{2}\left((\frac{\partial z}{\partial s})(t,t)\right)^2 - V(z(t,t))$$
$$\quad + (\frac{\partial z}{\partial s})(t,t)(\frac{\partial z}{\partial t})(t,t) - (\frac{\partial z}{\partial s})(t,0)(\frac{\partial z}{\partial t})(t,0) \qquad (4.76)$$

となった.

… 僕にもやらせてほしいな.

$$z(t,t) = x, \quad z(t,0) = y$$

を微分して

$$(\frac{\partial z}{\partial t})(t,t) + (\frac{\partial z}{\partial s})(t,t) = 0, \quad (\frac{\partial z}{\partial t})(t,0) = 0$$

となることを使うと (4.76) の右辺は

$$\frac{1}{2}\big((\frac{\partial z}{\partial s})(t,t)\big)^2 - V(x) - \big((\frac{\partial z}{\partial s})(t,t)\big)^2$$

となって (4.75) がでてきた.

… そこで, 次のような積分をシュレーディンガー方程式に代入してみてください.

$$U_\hbar(t)f(x) = \int_{-\infty}^{\infty} e^{\frac{i}{\hbar}S(t,x,y)} f(y) dy \tag{4.77}$$

… 計算してみますね.

$$\big(i\hbar\partial_t + \frac{\hbar^2}{2}\partial_x^2 - V(x)\big)U_\hbar(t)f(x)$$
$$= -\int_{-\infty}^{\infty} \big(\partial_t S(t,x,y) + \frac{1}{2}(\partial_x S(x,y))^2 - V(x) + \frac{i\hbar}{2}\partial_x^2 S(t,x,y)\big)$$
$$\times e^{\frac{i}{\hbar}S(t,x,y)} f(y) dy$$

だから (4.73) によって

$$i\hbar\partial_t U_\hbar(t)f = \big(-\frac{\hbar^2}{2}\partial_x^2 + V(x)\big)U_\hbar(t)f + O(\hbar) \tag{4.78}$$

となって近似解になってます.

… 上のような近似作用素をふつう**パラメトリックス** (parametrics) とよんでいます. さらに誤差なしで解を与える作用素, すなわち

$$\big(E_\hbar(t)f\big)(x) = \int_{-\infty}^{\infty} E_\hbar(t,x,y) f(y) dy$$

でシュレーディンガー方程式

$$i\hbar\partial_t E_\hbar(t)f = \big(-\frac{\hbar^2}{2}\partial_x^2 + V(x)\big)E_\hbar(t)f$$

を満たし, 初期条件

$$\big(E_\hbar(0)f\big)(x) = f(x)$$

を満たすものを**基本解** (fundamental solution) とよんでいます.

… ラグランジュアンに古典力学での軌道を代入すれば簡単にパラメトリックスが作れてしまうんですね.

… じつは $t = 0$ とした $(U_\hbar f)(0)$ は $f(x)$ と大分違いますのでパラメトリッ

クスとするにはもう少し工夫しなくてはいけないのですが, その辺は省略してファインマンのアイディアに行きましょう. それは基本解として

$$E_\hbar(t,x,y) = C \sum_{\gamma \in \Gamma_{t,x,y}} e^{\frac{i}{\hbar}A(\gamma)},$$

$$\Gamma_{t,x,y} = \{\gamma(s)\,;\, 0 \leq s \leq t,\ \gamma(0) = y,\ \gamma(t) = x\},$$

$$A(\gamma) = \int_0^t L(\gamma(s), \frac{d\gamma(s)}{ds})ds$$

を想定することです.

… いきなり今までと違う式がでてきたので驚異なんですが, 順番に見るとまず C はなんですか?

… 具体的な形はさておいて初期条件 $E_\hbar(0) = I$ が満たされるように調節するパラメータだと思ってください.

… $\Gamma_{t,x,y}$ は $\mathbf{R}$ の中の線分の集合みたいですね.

… $\mathbf{R}^n$ のときには時刻 0 に y から出発し時刻 t で x に達する曲線全体になります.

… 古典力学の軌道だけではないんですね.

… 上で見たように古典力学の軌道だけを考えると $\hbar$ の誤差がでてきます. 古典軌道以外も考えないといけないということです.

… $A(\gamma)$ は作用積分でこれは分かるんですが, $\sum_{\gamma \in \Gamma_{t,x,y}}$ ってなんの意味ですか? γ は加算個ではないように思うんですが.

… そこが問題なんですね. よく分からないが全部足してみよう, という気持であると解釈してください. 加算個よりたくさんあるから級数というよりはむしろ積分だろう, ということで

$$E_\hbar(t,x,y) = \int_{\Gamma_{t,x,y}} \exp\left(\frac{i}{\hbar} \int_0^t L(\gamma(s), \frac{d\gamma(s)}{ds})ds\right) D\gamma \tag{4.79}$$

とよく書かれます. こうしておいて普通の積分であるかのように計算していくと上手くいくのだ, というのがファインマン (R. Feynman, 1918–1988) の提案です.

… 普通は有限次元空間での積分でしょう. でもこれは無限次元での積分ですね.

····ファインマンはいくつかの例で説明しています.これは物理では本質的なアイディアとして支持されているようです.
···· 数学ではどうなんですか.
···· じつは数学では普通想定するような積分を考えることはできない,ということが分かっているんです.詳しく言えば普通のルベーグ測度のような平行移動不変な測度は存在しない,ということなのですが.シュレーディンガー方程式ではなくて

$$\partial_t u = (\Delta_x - V(x))u$$

のような放物型方程式に対してはこのような積分を考えることができるんですが.また1次元のディラック (P.A.M. Dirac, 1902–1984) 方程式に対しては完全加法性のある測度によって経路積分表示ができることも分かっています [Ichinose].
···· 最先端になると難しくなるんですね.
···· じつは数学的研究も進んでいます.[藤原] をみましょう.ファインマンもやっていることですが (4.79) の代わりにまず区間 $[0,t]$ を分割します:

$$0 = t_0 < t_1 < t_2 < \cdots < t_L = t$$

次に空間内に L 個の点をとります:

$$y = x_0, x_1, x_2, \cdots, x_L = x$$

そして x_{i-1} と x_i を古典軌道でつなぎます.こうしてできた区分的古典軌道を

$$\gamma_\Delta(x_L, x_{L-1}, \cdots, x_1, x_0)$$

とし作用積分

$$A(\gamma_\Delta(x_L, x_{L-1}, \cdots, x_1, x_0))$$

を考えます.そしてファインマン積分の近似として

$$I(\Delta; \hbar, t, x, y) = \prod_{j=1}^{L} \left(\frac{-i}{2\pi\hbar\tau_j}\right) \int_{\mathbf{R}^{L-1}} e^{\frac{i}{\hbar}A(\gamma_\Delta(x_L, x_{L-1}, \cdots, x_1, x_0))} \prod_{j=1}^{L-1} dx_j$$

を考えます.ここで $\tau_j = t_j - t_{j-1}$ です.ここで分割の幅 $\max_j \tau_j$ を 0 に近づければ $I(\Delta; \hbar, t, x, y)$ は基本解に収束する,というのが話の筋道です.

··· ファインマンの発想とどう違うんですか？
··· 時間を分割し，積分を有限次元のもので近似しようという発想は同じだろうと思います．ただし無限次元空間での測度という方向ではなしに，そうして得られた近似作用素が数学的に扱い得るものだということを明らかにした，ということではないかと思います．積分は測度によってなされる，というのは 20 世紀のルベーグ (H. Lebesgue, 1875–1941) による考えですが，それにこだわらずに近似和が収束すればいいではないか，という観点に立ったということでしょうか．
··· ファインマンの思い描いていたことは実現されているんでしょうか？
··· 量子力学では粒子の確定した軌道はないが，ほとんどすべての場合に粒子は古典軌道のそばにあるだろう，とされています．$\hbar$ を 0 に近づけますと上の基本解の主要部分は古典軌道によって担われていることが示されています．量子力学における粒子の様子が数学としても自然に説明されているように思います．
··· 不思議なものですね．
··· シュレーディンガーは古典力学，幾何光学を対比させながら波動力学を構想していったようです．ファインマンは最小作用の原理に導かれながら経路積分を考え出したようです．これはラグランジュ以来の力学の基本的アイディアです．ホイヘンスに始まる波の伝播に関するイメージは 1 階偏微分方程式とその特性曲線として数学的仕組みになったのですが，それは古典的な波動のみならず量子力学においても基礎となっているように思います．

参考書・論文など

　同じ内容を扱っている本の中でもっともやさしいものになるように書こうと努めました．ここで取り上げた話題は長い歴史を持つだけにもっと専門的な良書が多数出版されています．本書を読んだ後でこれらの本が理解しやすいものになっていれば嬉しいのですが．最近新たに書かれた本の中に好著があるに違いないのですが，下では私が使ったものの内から本書に関連の深いものを選び，初版が出版された順に並べました．これらの良書が最近復刻されることがあり，喜んでいます．

　[ギンディキン] は微積分の創成期の話を興味深く語っています．多変数の微積分については [杉浦]，[溝畑]，[笠原]，[黒田] 等によって詳しい内容を補ってください．もっと演習問題を解きたい人には [木村] があります．微分方程式の一般論については昔の本では [占部]，[福原]（復刻版です）等があり．これらには 1 階偏微分方程式の話も入っています．また [クーラン・ヒルベルト] には 1 階偏微分方程式とその数理物理学の中で果たす役割が説明されており大変参考になります．さらに進んだ事柄は [大島・小松] を見てください．古典力学に関する本は良書が多数ありますが，比較的最近のものでは [深谷] があります．[山内]，[アーノルド]，[山本・中村]，[伊藤] は本格的です．求積法で解ける方程式については [Whittaker]，[Audin]，[吉田] を見てください．歴史に興味がある場合には [山本 97] はどうでしょうか．微分形式や幾何学の入門書として [坪井] があります．

　[シュレーディンガー] は論文の和訳ですが，思索の跡が窺えてとても興味深く思います．偏微分方程式における漸近解や半古典近似の理論に興味のある人は [金子]，[井川]，[中村] を読まれるのがいいと思います．第 4 章 5 節にでてきたマックスウェルの魚の目については [久保田] に記述があります．最近の話題については [Leonhardt] を見てください．経路積分やシュレーディンガー方程式の基本解については，専門的になりますが [Ichinose] や [藤原] があります．[山本 14] には本書と同じテーマがより詳しく書かれています．

関連図書

[木村] 常微分方程式の解法, 木村俊房, 培風館 (1958)

[占部] 微分方程式, 占部実, 共立出版 (1958)

[山内] 一般力学, 山内恭彦, 岩波書店 (1959)

[クーラン・ヒルベルト] 数理物理学の方法 3, R. クーラン・D. ヒルベルト, 東京図書 (1962)

[久保田] 光学, 久保田広, 岩波書店 (1964)

[杉浦] 解析入門 II, 杉浦光夫, 岩波書店 (1985)

[溝畑] 数学解析 下, 溝畑茂, 朝倉書店 (1973)

[笠原] 微分積分学, 笠原晧司, サイエンス社 (1974)

[シュレーディンガー] シュレーディンガー選集 1, 田中正・南政次共訳, 共立出版 (1974)

[大島・小松] 1階偏微分方程式, 大島利雄・小松彦三郎, 岩波書店 (1977)

[Whittaker] 解析力学 上, E. T. Whittaker, 多田政忠・藪下信訳, 講談社 (1977)

[アーノルド] 古典力学の数学的方法, V.I. アーノルド, 安藤韶一・蟹江幸博・丹羽敏雄訳, 岩波書店 (1980)

[Ichinose] T. Ichinose, Path integral for a hyperbolic system of the first order, Duke Math. J. **51** (1984), 1-36.

[ギンディキン] ガリレイの 17 世紀, S. G. ギンディキン, 三浦伸夫訳, シュプリンガー東京 (1996)

[井川] 岩波講座 現代数学の基礎 偏微分方程式 2, 井川満, 岩波書店 (1997)

[山本 97] 古典力学の形成 - ニュートンからラグランジュへ, 山本義隆, 日本評論社 (1997)

[山本・中村] 解析力学 I, II, 山本義隆・中村孔一, 朝倉書店 (1998)

[伊藤] 常微分方程式と解析力学, 伊藤秀一, 共立出版 (1998)

[金子] 偏微分方程式入門, 金子晃, 東京大学出版会 (1998)

[藤原] ファインマン経路積分の数学的方法 -時間分割近似法-, 藤原大輔, シュプリン

ガー・フェアラーク東京 (1999)

[Audin] コマの幾何学 可積分系講義, Michèle Audin, 高崎金久訳, 共立出版 (2000)

[黒田] 微分積分, 黒田成俊, 共立出版 (2002)

[深谷] 岩波講座 現代数学への入門 解析力学と微分形式, 深谷賢治, 岩波書店 (2004)

[福原] 微分方程式 上・下, 福原満州雄, 朝倉書店 (2004)

[吉田] 岩波講座 物理の世界 力学 4, 力学の解ける問題と解けない問題, 吉田春夫, 岩波書店 (2005)

[坪井] 大学数学への入門 6 幾何学 III 微分形式, 坪井俊, 東京大学出版会 (2008)

[Leonhardt] U. Leonhardt, Perfect imaging without negative refraction, New Journal of Physics, **11** (2009), 093040

[中村] 量子力学のスペクトル理論, 中村周, 共立出版 (2012)

[山本 14] 幾何光学の正準理論, 山本義隆, 数学書房 (2014)

索　引

あ　行

アイコナール方程式　69, 141
アインシュタイン　105
アーベル　97
1-形式　103
陰関数の定理　11
演算子　9
オイラー　91
帯　75

か　行

外積　107
解析力学　28
外微分　112
ガウス　97
関数関係　49
完全積分　90
完全微分型　14, 41
幾何光学　142
基本解　170
逆関数定理　25
求積法　28
共変ベクトル　106
グリーン　116
クレロー　32
光線　142

さ　行

作用積分　168

作用素　9
シュレーディンガー　166
シュレーディンガー方程式　166
準線形方程式　59
初等解法　28
シンプレクティック変換　119
ストークス　116
正準変換　119
成帯条件　78
積分因子　17
積分可能条件　42
積分多様体　40
接空間　46, 102
接束　130
0-形式　112
全反射　149
全微分　15
相関数　141
相空間　118
双線形　109
双対接空間　104
双対接束　118

た　行

第一積分　51
楕円関数　97
楕円座標系　96
楕円積分　97
多様体　118

定常位相の方法　151
ディラック　172
特性曲線　50, 70
特性帯　77
特性方程式　69
独立　48

な 行

ナビエ-ストークス方程式　61
ニュートン　3

は 行

バーガース方程式　61
パーセバルの公式　161
ハミルトニアン　122
ハミルトン　117
ハミルトン-ヤコビ方程式　69
パラメトリックス　170
半古典近似　165
反変ベクトル　106
微分　15, 100
微分形式　6
ファインマン　171
フック　91
プランク　160
プランクの定数　160
フーリエの反転公式　159
ソーリエ変換　159
ベクトル積　107
ベクトル束　118

ベクトル場　26, 103
ポアッソンの括弧式　121
ホイヘンス　29
法ベクトル　46
包絡線　29
包絡面　63
母関数　125
星型　113

ま 行

マックスウエル　159
マックスウエルの魚の目　159
モンジュ錘　70

や 行

ヤコビ　87
輸送方程式　141
余接空間　104

ら 行

ライプニッツ　3
ラグランジュ　117
ラグランジュアン　131
ラグランジュ多様体　128
ラグランジュの括弧式　120
立体射影　155
リーマン計量　155
ルジャンドル変換　132
ルベーグ　173

磯崎　洋
いそざき・ひろし

1950 年　秋田県生まれ
1972 年　京都大学理学部卒業
現　在　筑波大学大学院数理物質科学研究科　教授
　　　　理学博士
2006 年　日本数学会賞秋季賞受賞
主な著書
『数理物理学における微分方程式』(日本評論社)
『多体シュレーディンガー方程式』(シュプリンガー・フェアラーク東京)
『微積分学入門―例題を通して学ぶ解析学』(共著，培風館)
『超関数・フーリエ変換入門』(サイエンス社)

求積法(きゅうせきほう)のさきにあるもの──微分方程式は解ける

2015 年 3 月 15 日　第 1 版第 1 刷発行

著者　　磯崎 洋
発行者　横山 伸
発行　　有限会社　数学書房
　　　　〒 101-0051　千代田区神田神保町 1-32-2
　　　　TEL　03-5281-1777
　　　　FAX　03-5281-1778
　　　　mathmath@sugakushobo.co.jp
　　　　振替口座　00100-0-372475
印刷　　モリモト印刷
組版　　アベリー
装幀　　岩崎寿文

ⒸHiroshi Isozaki 2015　Printed in Japan
ISBN 978-4-903342-80-1

数学書房

数学書房選書 1
力学と微分方程式
山本義隆 著
解析学と微分方程式を力学にそくして語り、同時に、力学を、必要とされる解析学と微分方程式の説明をまじえて展開した。これから学ぼう、また学び直そうというかたに。
2,300円+税／A5判／978-4-903342-21-4

微分方程式
原岡喜重 著
微分積分を学んだ読者が、微分方程式についての基礎的な事柄と、その理論全体のイメージを身につけるためのガイドブックとなることを目指した。
2,000円+税／A5判／978-4-903342-18-4

幾何光学の正準理論
山本義隆 著
正準形式の幾何光学 ---そのシンプレクティック構造-- を分かりやすく説明。変分原理としてのフェルマの原理の物理的意味を解明。
3,900円+税／A5判／978-4-903342-77-1

代数の魅力
木村達雄・竹内光弘・宮本雅彦・森田純 著
群、環、体、整数論を、雪の結晶、正四面体など、豊富な具体例を取り上げながら、やさしく解説した。少ない予備知識で代数系の魅力を味わいたいというかたにお薦め。
2,400円+税／A5判／978-4-903342-11-5

明解 微分積分
南就将・笠原勇二・若林誠一郎・平良和昭 著
高校数学と大学における微分積分の橋渡しをすることを主眼とした。微分積分学の底に流れる考え方を重視し、大局的にしっかりとその筋道が見えるように構成した。
2,700円+税／A5判／978-4-903342-14-6

明解 確率論入門
笠原勇二 著
読み物風に気楽に読めることをめざしたが、本格的な教科書を読むためにスムーズに移行できるよう厳密な理論を下敷きとして解説した入門書。
2,100円+税／A5判／978-4-903342-15-3